自衛隊
最新最強装備

The Equipment of Japan
Self-Defence Forces

Contents

116
174

【特集1】

これが自衛隊だ！

日本の防衛を担う自衛隊がいま、大きな変革の時を迎えている。集団的自衛権や安保法制に関する議論が高まり、〝日本の国防〟が注目を浴びるなか、自衛隊はどう変わろうとしているのだろうか？

「防衛大綱」から読み解く 自衛隊の近未来の姿

日本の安全保障政策は「専守防衛」という軍事戦略を元に、戦後しばらくは「防衛力整備計画」に基づき、周辺国の軍事力に合わせた規模の防衛力を整備してきた。

1976年には初めて「防衛計画の大綱」が策定され、そこでは必要最小限の防衛力を整備する「基盤的防衛力」が明示された。

これは、それまでの脅威対応型ではなく、「日本が周辺地域の不安定要因とならないように、独立国として必要最小限の防衛力を保有する」という考え方だ。

簡単に言えば、陸海空の防衛力をバランスよく整備することで、防衛力の存在自体が抑止力となるという考え方である。この「基盤的防衛力」は、東西冷戦で緊張と緩和を繰り返しつつも、結果として直接武力衝突しないという奇妙な均衡状態が続いた時期とも重なり、約30年にわたって堅持された。

しかし2010年に策定された防衛大綱では、米国同時多発テロ、北朝鮮のミサイル発射事案、中国の軍拡や海洋進出などに象徴される安全保障環境の変化などを踏まえ、「基盤的防衛力」から離脱し、新たに「動的防衛力」という考えが示された。ここでは機動性・即応性を重視し、テロ・ゲリラ攻撃など各種事態により柔軟に対処するとされた。

しかし「動的防衛力」を定めた防衛大綱は政権交代により2013年に廃止され、新たな防衛大綱を策定。そこで示されたのが「統合機動防衛力」だ。そこには「装備の運用水準を高め、その活動量を増加させ、統合運用による適切な活動を機動的かつ持続的に実施していくことに加え、防衛力をより強靭なものとするため、各種活動を下支えする防衛力の「質」及び「量」を必要かつ十分に確保し、抑止力及び対処力を高めていく」とされている。

防衛大綱には、日本の防衛力のあり方の基本方針と、具体的な整備目標が示されている。防衛省・自衛隊はそれを実現するために、常に組織を見直し、装備品を調達し、部隊を訓練し運用する。そこに描かれているのは、自衛隊の近未来の姿だ。

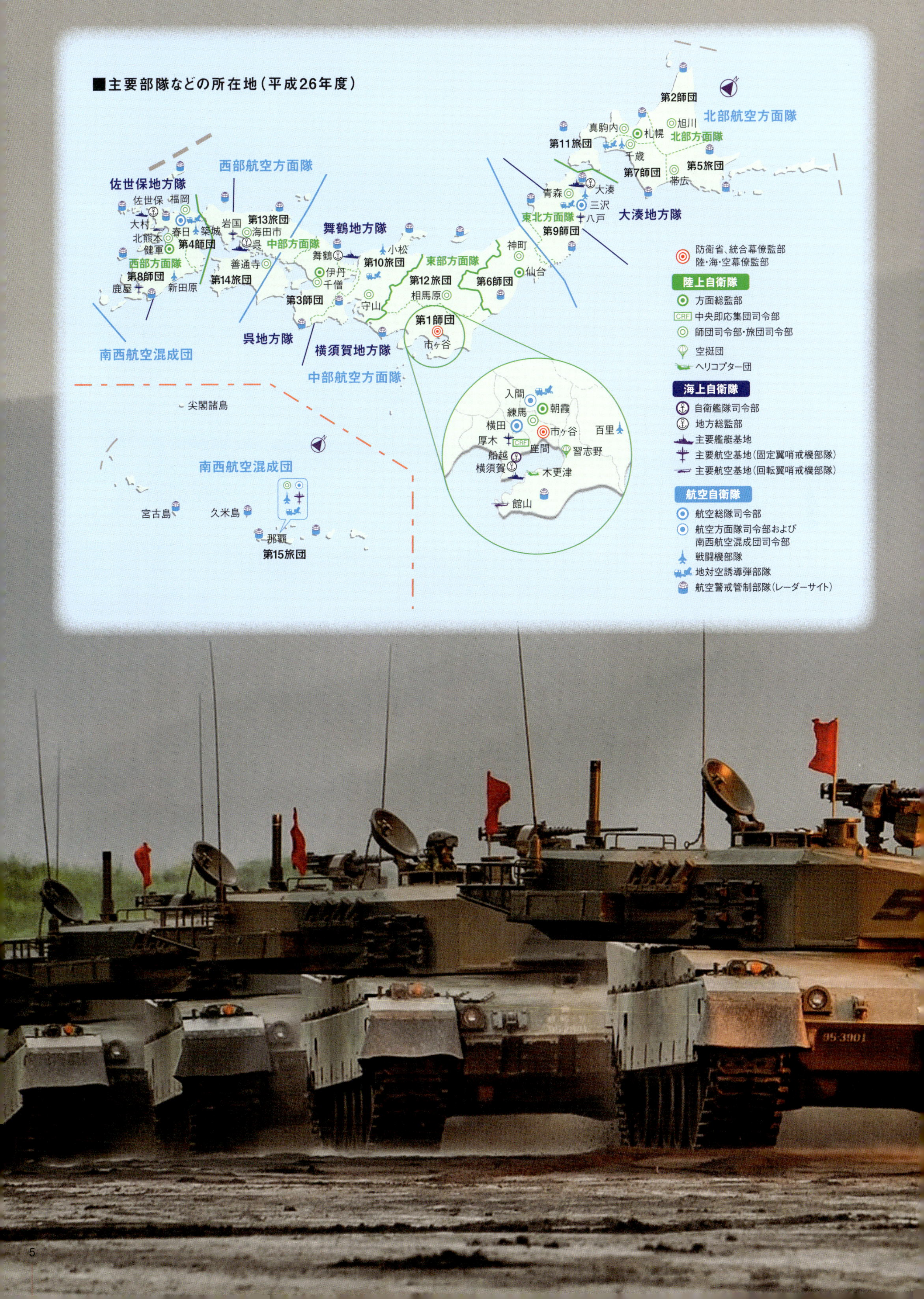
■主要部隊などの所在地（平成26年度）
北部航空方面隊
北部方面隊
第2師団
旭川
真駒内
札幌
第11旅団
千歳
第7師団
第5旅団
帯広
大湊
青森
三沢
八戸
大湊地方隊
東北方面隊
第9師団
神町
仙台
第6師団
東部方面隊
第12旅団
相馬原
第1師団
市ヶ谷
小松
第10旅団
舞鶴地方隊
舞鶴
伊丹
千僧
中部方面隊
第3師団
守山
西部航空方面隊
佐世保地方隊
佐世保
福岡
大村
春日
築城
北熊本
健軍
西部方面隊
第8師団
鹿屋
新田原
第4師団
岩国
第13旅団
海田市
呉
善通寺
第14旅団
呉地方隊
横須賀地方隊
中部航空方面隊
南西航空混成団
尖閣諸島
宮古島
久米島
那覇
第15旅団
入間
朝霞
練馬
横田
厚木
座間
船越
習志野
横須賀
木更津
百里
館山
防衛省、統合幕僚監部
陸・海・空幕僚監部
陸上自衛隊
方面総監部
CRF 中央即応集団司令部
師団司令部・旅団司令部
空挺団
ヘリコプター団
海上自衛隊
自衛艦隊司令部
地方総監部
主要艦艇基地
主要航空基地（固定翼哨戒機部隊）
主要航空基地（回転翼哨戒機部隊）
航空自衛隊
航空総隊司令部
航空方面隊司令部および
南西航空混成団司令部
戦闘機部隊
地対空誘導弾部隊
航空警戒管制部隊（レーダーサイト）

JAPAN GROUND SELF-DEFENSE FORCE

陸上自衛隊

国民の身近に存在し、有事には陸戦で最後の砦となる

13万人を超える隊員を擁する自衛隊最大の組織

陸上自衛隊は、有事には陸戦という最終局面で敵を迎え撃つ最後の砦だ。また平時は常に国民の近くにあって、大規模災害など各種の事態に備えている。

部隊は日本列島を5つの区域に分け、それぞれに最大の部隊単位である方面隊を配置し、その隷下に独立した作戦行動をとれる作戦基本部隊「師団」と「旅団」を編成。

北海道担当の北部方面隊に2個師団と2個旅団、東北地方担当の東北方面隊に2個師団、関東・甲信越地方・静岡県担当の東部方面隊に1個師団と1個旅団、北陸・静岡県を除く東海・近畿・中国・四国地方担当の中部方面隊に2個師団と2個旅団、九州地方・沖縄県担当の西部方面隊に2個師団と1個旅団が置かれている。

「師団」の標準的な部隊編成は、普通科連隊が3〜4個、特科連隊、高射特科大隊、戦車大隊がそれぞれ1個。後方支援連隊は整備大隊が2個、ほかに補給隊、輸送隊、衛生隊、施設大隊、通信大隊、偵察隊などがある。構成する人員は約7000〜9000名。

区域によって異なる師団・旅団の特色

北海道の師団は、新たな脅威や本格的な侵略事態まで、あらゆる事態に対応できるよう総合的なバランスを重視して編成・配備する「総合近代化師団」、本州以南にある師団は戦車や火砲などの重装備を効率化し、即応性・機動性を重視した「即応近代化師団」としている。

東京と大阪の都市部を抱える第1師団（東京都・練馬駐屯地）と第3師団（兵庫県・千僧駐屯地）は、対テロ・対ゲリラ戦を重視して市街戦装備を優先させた「政経中枢師団」とされる。

なお北海道には3個戦車連隊を中核とした唯一の機甲師団、第7師団がある。

「旅団」は師団とほぼ同様の機能を持ちながらコンパクト化。空中機動力を高めた第12旅団（群馬県・相馬原駐屯地）、航空機を多数配備した離島タイプの第15旅団（沖縄県・那覇駐屯地）など独特の性格付けがなされている旅団もある。人員は約2000〜4000名。

有事に緊急展開できる中央即応集団

師団、旅団と並ぶ陸のメジャーコマン

ドが、2007年に新編された「中央即応集団」（神奈川県・座間駐屯地）だ。

有事には緊急展開部隊の中央即応連隊、機動運用部隊（第1空挺団・第1ヘリコプター団）や専門部隊（特殊作戦群・中央特殊武器防護隊など）で迅速に行動・対処。国際平和協力活動では国際平和協力活動等派遣部隊の指揮や、国際活動教育隊による研究や教育訓練を行っている。

陸自では2002年に島嶼の防衛・奪還を目的とした自衛隊唯一の水陸両用部隊、西部方面普通科連隊（長崎県・相浦駐屯地）を新編。2010年には沖縄の第1混成団を第15旅団へ拡充・改編している。

今後は与那国駐屯地を新たに開設し、西部方面情報隊隷下の沿岸監視隊を配備し、西部方面普通科連隊は規模と機能を拡充し、新たに水陸両用車などを擁する「水陸機動団（仮称）」に新編するなど、中国の台頭などを見据えた戦力の南西シフトを鮮明にしている。

また統合運用を強化するために、陸自の部隊を一元的に運用する統一司令部「陸上総隊」（朝霞駐屯地）を、2017年度をめどに創設することが決まっている。

◎設　置：1954年7月1日
◎隊員数：約13万8000名
◎駐屯地等：全国約160カ所

北海道の防衛を担う第7師団。あらゆる脅威に対応するために総合的なバランスを重視している。

南スーダン共和国で給水支援を行う陸上自衛隊。

陸上自衛隊には戦闘ヘリも配備されている。

陸自が誇る精鋭、習志野・第一空挺団。

米軍との合同訓練に臨む、西部方面普通科連隊。島嶼防衛は国防の重要課題だ。

海上自衛隊

JAPAN MARITIME SELF-DEFENSE FORCE

海外からの物資を輸送するシーレーンを防衛し、海からの侵略に備える

日本の生命線"海上交通路"を守る海上自衛隊

四方を海に囲まれた日本における海上自衛隊の任務は、まず海からの侵略などの脅威に備えること、平時は海上交通路（シーレーン）防衛である。国民生活の基盤となる物資の大半を海外に依存し、その9割以上を海上輸送網に頼る日本にとって、シーレーン防衛は安全保障上、極めて重要だと言える。さらに近年は、海外における国際平和協力活動や弾道ミサイル防衛などの任務が加わり、海上自衛隊の体制もより効率的な形に見直されてきた。

最大の基幹部隊は「自衛艦隊」で、隷下に実力部隊である「護衛艦隊」「航空集団」「潜水艦隊」、さらに「掃海隊群」「情報業務群」「海洋業務群」「開発隊群」などをもって編成されている。

海自では日本を5つの警備区に区分しており、横須賀（神奈川県）、佐世保（長崎県）、舞鶴（京都府）、呉（広島県）、大湊（青森県）に活動拠点として地方隊・地方総監部を設置している。

海上自衛隊の中核部隊 護衛艦隊

自衛艦隊の中核である護衛艦隊は4個護衛隊群が編成され、第1は横須賀、第2は佐世保、第3は舞鶴、第4は呉に司令部が置かれている。

各護衛隊群はヘリコプター搭載護衛艦（DDH）1隻・ミサイル護衛艦（DDG）1隻・汎用護衛艦（DD）2隻からなる護衛隊と、ミサイル護衛艦（DDG）1隻と汎用護衛艦3隻からなる2個護衛隊計8隻により編成され、それぞれ「DDHグループ」「DDGグループ」と呼ばれている。

DDHグループは対潜重視型、DDGグループはBMD（弾道ミサイル防衛）を含めた防空重視型だ。

乗員の練度統一のために艦の所属基地を分散

護衛艦の定係港は、以前は護衛隊群で1つの基地にまとめられていたが、現在は5つの基地に分散して所属。理由は、これまでは艦艇が長期間ドック入りすると、その間、乗員の練度はいったん低下するため、1個艦隊の

艦ごとの練度にばらつきが生まれる問題があったからだ。

そこでそれまでの定係港はそのままに、ドック入りの時期の似た艦を同じ護衛隊群の所属に配置換えして練度を統一し、運用を効率化。

現在は、即応、高練度、低練度、整備の4つのフェーズを1サイクルとして、常に即応態勢の1個護衛隊群を前線配備し、ローテーションで間断なく戦力を維持している。

航空集団の艦艇搭載の哨戒ヘリは、館山(千葉県)、小松島(徳島県)、大村(長崎県)、舞鶴、大湊などの各航空基地に配備。哨戒機は八戸(青森県)、厚木(神奈川県)、岩国(山口県)、鹿屋(鹿児島県)、那覇(沖縄県)の各航空基地に配備し、日本全国をカバー。もう一つの戦闘部隊、潜水艦隊は横須賀と呉に配備している。

◎設　置:1954年7月1日
◎隊員数:約4万2000名
◎基地等:全国約31カ所

大海原を行く海上自衛隊の艦艇。海上自衛隊は日本のシーレーン防衛という重責を担っている。

横須賀に司令部を置く「潜水艦隊」。高い練度を誇る。

海上監視や物資輸送のために、ヘリや航空機も運用する。

物資輸送などで活躍するエアクッション艇

補給艦「ましゅう」(奥)。艦艇のサポートも重要な役目だ。

JAPAN AIR SELF-DEFENSE FORCE

航空自衛隊

さまざまな防空網で 領空を24時間体制で監視

戦闘機の運用こそ 航空自衛隊の中核

他国から武力攻撃が行われる場合、周囲を海に囲まれた日本の地理的な特徴から、まず航空機やミサイルによる急襲的な航空攻撃が行われる。それを未然に防ぐために、全国のレーダーサイトや早期警戒管制機などでわが国周辺のほぼ全空域を常時監視。領空に侵入するおそれのある航空機を発見した場合には緊急発進した戦闘機が行動を監視し、領空へ侵入したときには退去の警告、必要となれば撃破する。

空自の任務は防空作戦に集約されており、極論すれば、その中核である戦闘機を運用するための組織ともいえる。

航空自衛隊は、「航空総隊」「航空支援集団」「航空教育集団」「航空開発実験集団」「その他の大臣直轄部隊」からなる。

日本の空を守る 航空総隊と各方面隊

航空総隊（東京都・横田基地）は北部航空方面隊（青森県・三沢基地）、中部航空方面隊（埼玉県・入間基地）、西部航空方面隊（福岡県・春日基地）、南西航空混成団（沖縄県・那覇基地）という4個航空方面隊および1個混成団と、航空救難団（入間基地）、警戒航空隊（静岡県・浜松基地）、偵察航空隊（茨城県・百里基地）、航空戦技教導団（横田基地）の直轄部隊からなる。

各方面隊（混成団）には、計12個の戦闘機部隊を擁する航空団、全国計28カ所のレーダーサイトなどの運用を行う警戒航空管制団（隊）、敵航空機やミサイルを迎撃する高射群などの部隊がある。

航空支援集団（東京都・府中基地）は航空輸送、航空保安管制、航空気象、飛行点検、機動衛生隊の5機能、8個部隊によって編成。航空教育集団（浜松基地）は航空団、飛行教育団などで飛行教育や戦技研究、航空教育隊で一般教育、第1から第5までの5個の術科学校で技術的な専門教育を行っている。航空開発実験集団はその名のとおり、航空兵器の研究開発を担う。

那覇基地にF-15が配備 南西方面へのシフトが続く

空自の戦闘機部隊も、近年は南西方面へのシフトが続いている。那覇基地の戦闘機部隊は長らく1個飛行隊を維持し、戦闘機も旧型のF-4が配備されてきたが、２００８年に百

日米が共同で開発したF-2。全国のレーダーサイトなどと連携して外からの侵入に備える。

空からの輸送も航空自衛隊の重要な任務だ。

全国28カ所に配置されているレーダーサイト。

航空機の運用には優れた整備体制が欠かせない。

里基地のF－15と入れ替える形でF－15を配備。

そして２０１６年１月には第８航空団（築城基地）の第３０４飛行隊（F－15部隊）を那覇基地に移動させるとともに、第83航空隊を廃止して「第９航空団」を新編した。

航空団の新編は１９６４年の第８航空団新編以来、実に約50年ぶり。これにより那覇基地の飛行群は、ともにF－15を擁する第２０４飛行隊と第３０４飛行隊の２個飛行隊、約40機体制となり戦力は倍増した。

今後は第８航空団に三沢のF－２飛行隊１個が移動し、三沢基地には２０１７年度にF－35の飛行隊が新編される予定だ。

◎設　置：1954年7月1日
◎隊員数：約4万3000名
◎基地等：全国約73カ所

厳しい訓練を経た戦闘機のパイロット。世界的に見ても高い操縦技術を持つ。

第1章

陸上自衛隊の装備

EQUIPMENT OF JAPAN GROUND SELF-DEFENSE FORCE

重装備からより機動力を重視した編成・装備に変貌

陸上自衛隊が保有する装備品は、戦車などの装甲車両、無反動砲・迫撃砲・野戦砲・高射機関砲・ロケット弾発射機などの主要火器、施設器財、衛生器材、航空機、通信・電子器材、化学器材、小火器など非常に幅広い。

戦後しばらく続いた東西冷戦期の軍事戦略は、北からの着上陸侵攻に備えて北海道に重点を置いて戦車や火砲を配備してきた。しかし冷戦終結後は国家間の大規模戦争の蓋然性は低下したため、現在もその名残はあるものの、これらの重装備は縮小・廃止の方向にある。

21世紀に入り、それに代わって懸念されるのがゲリラや特殊部隊の攻撃といった新たな脅威や、大規模災害などへの備えだ。敵国が本格侵攻するには数カ月単位が見積もられていたのに対し、こうした脅威には数日で対応する即応性が求められる。そのため編成・装備品ともに、近年はより機動力を重視し

た方向に転換を進めている。

具体的にみていくと、まず戦車も10式となりコンパクト化。また戦車そのものに替わる戦闘機動車の配備も決まっている。近年特に強化が進んでいる南西諸島の離島防衛では、海兵隊的運用が想定されている水陸機動団の主要装備品として、これまでになかった水陸両用車の導入も決まっている。こちらも新しく導入される輸送機V-22オスプレイも島嶼防衛などに活用されるはずだ。

また誌面の都合上紹介できなかったが、施設(工兵)科装備のドーザや油圧ショベル、架橋装備、需品装備の野外炊具、野外入浴セット、水タンク車などは、災害派遣現場で頻繁に活用されているのはご存知のとおりだ。施設科器材はPKOをはじめとする海外活動で、道路の補修や橋梁の架設といった復興支援にも役立てられている。

これらはあくまでも一例だが、かつてはまんべんなく、一通りの装備を備えていたのに加え、今後はより安全保障環境や国情に合わせた姿に徐々に変貌していくだろう。

写真提供:海田市駐屯地

10式戦車

TYPE 10 MAIN BATTLE TANK

61式、74式、90式に続く第4世代の主力戦車。東西冷戦期、各国で新戦車の開発が繰り返された結果、戦車は90式を含め重厚長大化していったが、10(ヒトマル)式は日本のニーズに合わせて開発された。車体は全国に配備できるよう約44トンに小型軽量化。国内の大半の道路や橋梁を走行でき、装甲などを取り外せば大型セミトレーラに積載して移動することも可能になった。

防護力は耐弾性に優れた複合装甲を採用。砲塔正面、車体正面は外装式モジュール装甲とされ、脅威の程度、重量制限などに合わせて装甲を選択できる。また間接防護力として、赤外線放射を抑えるサイドスカートを装着するなどIRステルス化も図っている。

主砲は90式より軽量化された44口径120㎜滑腔砲を装備し、給弾は自動装填。指揮・射撃統制装置には走行中も主砲の照準をあわせる自動追尾機能が備わり、「スラローム射撃」や「後退行進射撃」も可能だ。走行性能は前進・後進ともに最高時速は約70㎞。油気圧式懸架装置で車体傾斜機能を持つ。

10式最大の特長とされるのがC4I(シー・クウォドルプル・アイ)(指揮・統制・通信・コンピュータ・情報)の搭載だ。これにより陸自ネットワークに組み込まれ、戦車同士の情報共有や、普通科部隊と一体化した作戦行動が可能になった。現在、実戦部隊では第1師団第1戦車大隊(静岡県・駒門駐屯地)、第2師団第2戦車連隊(北海道・上富良野駐屯地)、第8師団第8戦車大隊(大分県・玖珠駐屯地)に配備されている。

射撃体勢に入った10式戦車。主砲は自動追尾機能が備わり、一度照準を合わせれば蛇行しながら行進間射撃を行う「スラローム射撃」や、急速後退しながら射撃を行う「後退行進射撃」といった難易度の高い射撃が可能。

日本独自に進化した第4世代の主力戦車

【左写真】10式戦車の44口径120mm滑腔砲による行進間射撃。走行中でも静止標的に対し高い命中精度を誇る。【中写真】砲塔にはレーザー検知装置、砲口照合装置などの各種センサー類、上部には12.7mm重機関銃M2を備える。【右写真】砲塔本体の両側面に装着されている増加装甲。外装モジュール式なので、任務の内容、あるいは損傷時にも交換が可能。

SPEC

全備重量	約44t
全長	9.40m
全幅	3.20m
全高	2.30m
最高速度	約70km/h
エンジン	水冷4サイクル8気筒ディーゼル
出力	1,200ps/2,300rpm
武装	120mm滑腔砲、12.7mm重機関銃M2、74式7.62mm機関銃、各×1
乗員	3名

90式戦車

TYPE 90 MAIN BATTLE TANK

重装甲・高機動・高い攻撃力を備える北の守りの中核

90式戦車の全体像。手前が操縦手、砲塔右が車長、左が砲手。

ヤキマ演習場（米国・ワシントン州）での訓練に参加する90式戦車。

砲塔後部のカーゴから見た眺め。車体の大きさがわかる。

富士総合火力演習における90式戦車の射撃。

北からの侵攻に対抗する目的で開発。第3世代としては世界トップクラスの性能と評価されている。防御面では車体前面と砲塔部分に複合装甲を採用し、交換可能な内装式モジュラー装甲とされる。主砲は44口径120㎜滑腔砲で、陸自戦車では初めて自動装填装置を採用。これにより装填手が削減され、乗員は3名となった。またコンピューターによる射撃統制装置により目標を自動追尾し、車体の上下動や左右の方向転換時でも常に正確な射撃が可能だ。なおC4Iはスペースなどの制約で付加できず、一部の車両に戦車連隊指揮統制システムを搭載。配備部隊は開発経緯などからほぼ北海道に限定されている。

SPEC

◎全備重量：約50t ◎全長：9.80m ◎全幅：3.40m（スカート付） ◎全高：2.30m（標準姿勢） ◎最高速度：約70km/h ◎エンジン：水冷2サイクルV型10気筒ディーゼル ◎出力：1,500ps/2,400rpm ◎武装：120mm滑腔砲、12.7mm重機関銃M2、74式車載7.62mm機関銃、各×1 ◎乗員：3名

89式装甲戦闘車

TYPE 89 ARMORED COMBAT VEHICLE

戦車と一体となって戦闘を支援

歩兵を戦車とともに守りながら進む89式装甲戦闘車。頼れる現代の軽騎兵だ。

主砲の35mm機関砲のほか、79式対舟艇対戦車誘導弾、発煙弾発射機を備える。

富士総合火力演習にて、主砲の35mm機関砲を発射するところ。

普通科部隊の前進を90式戦車（左）とともに援護する89式装甲戦闘車（右）。

普通科部隊に装備し、戦車に随伴する歩兵を戦車と同じスピードで守り、攻撃しながら進む戦闘車両。乗員は10名で、車長、操縦手、砲手1名ずつのほか、7名の戦闘員が搭乗。35㎜機関砲、重MAT、74式車載7・62㎜機関銃などで戦車の行動を支援する。フロントエンジンの採用により後方に広い隊員スペースを確保。銃眼孔も7カ所設けられており、小銃射撃を行いながら敵弾下で行動できる。車体は生存性の高い防弾鋼板を使用し、暗視装置を装備しているので夜間戦闘力にも優れる。実戦部隊の配備は、唯一の機甲師団である第7師団第11普通科連隊（北海道・東千歳駐屯地）のみ。

SPEC

◎全備重量:約26.5t ◎全長:6.8m ◎全幅:3.2m ◎全幅:2.5m ◎最高速度:約70km/h ◎エンジン:水冷4サイクル直列6気筒ディーゼル ◎武装:エリコンKDE35mm機関砲×1、74式車載7.62mm機関銃×1、79式対舟艇対戦車誘導弾発射装置×2 ◎乗員:10名

96式装輪装甲車

TYPE 96 WHEELED ARMOURED PERSONNEL CARRIER

戦場を機動して
兵員を輸送

12.7mm重機関銃M2を装備した96式装輪装甲車のB型。ほかに96式40mm自動擲弾銃を装備する「A型」もある。

96式装輪装甲車「B型」が12.7mm重機関銃M2を発射しているところ。

後部ハッチの開口時。重装備の兵士を8名輸送できる。

正面戦線を突破する作戦機動に続き、敵の脅威下に戦場機動して人員を輸送する装輪装甲車。8輪のコンバットタイヤは空気圧調整装置により状況に応じて空気圧を変更することができ、空気が抜けてもある程度の走行が可能。このため、不整地・整地を問わず高速機動に優れている。乗員は車長、操縦手のほか、向かい合わせのベンチシートに完全武装の隊員8名。武装は96式40㎜自動擲弾銃を装備する「A型」と12.7㎜重機関銃M2を装備する「B型」の2種類あるが、ほとんどが「A型」。北海道の普通科連隊と、中央即応集団の中央即応連隊（栃木県・宇都宮駐屯地）に配備されている。

災害派遣後に除染作業を受ける96式装輪装甲車（東日本大震災）。

SPEC

◎全備重量:約14.5t ◎全長:6.84m ◎全幅:2.48m ◎全高:1.85m ◎最大速度:約100km/h ◎エンジン:水冷4サイクル6気筒ディーゼル ◎出力:360ps/2,200rpm ◎武装:96式40mm自動擲弾銃、または12.7mm重機関銃M2×1 ◎乗員:10名

82式指揮通信車

TYPE 82 COMMAND COMMUNICATION VEHICLE

小松製作所が生産する陸上自衛隊初の国産装輪装甲車。公式愛称は「コマンダー」。

戦場を移動しながら部隊を指揮

指揮通信機能に特化した車両で、陸自初の国産の装輪装甲車。３軸６輪駆動で、水深１ｍ程度の渡河能力も持つ。車体の中央部から後部が乗員室となっており、天井高が高く設計され、ここに各通信機器や小さな折りたたみテーブルなどを装備し、指揮通信要員が６名搭乗する。制式化されたのは１９８２年と古いが、２３０両以上が生産され、今も指揮通信車としては第一線で活躍する最新型。装輪装甲車の技術は87式偵察警戒車や化学防護車に受け継がれている。師団司令部、普通科連隊、特科連隊などに配備。

SPEC

◎全備重量:約13.6t ◎全長:5.72m ◎全幅:2.48m ◎全高:2.38m ◎最高速度:約100km/h ◎エンジン:水冷4サイクル10気筒ディーゼル ◎出力:305ps/2,700rpm ◎武装:12.7mm重機関銃M2、62式7.62mm機関銃(必要に応じ)×各1 ◎乗員:8名

87式偵察警戒車

TYPE 87 RECONNAISSANCE COMBAT VEHICLE

威力偵察任務や哨戒任務に用いられる戦闘車両。生産は82式指揮通信車と同じく小松製作所が担う。

戦火の中を駆けながら偵察・警戒任務を遂行

砲弾が飛び交う空地火力の脅威のなか、装甲で防御しつつ、路上機動により偵察警戒任務や側方警戒行動を行う。前部右側に操縦士、左側に前部偵察員、車体中央部の砲塔右側に車長、左側に砲手、後部左側に後ろ向きに後部偵察員の５名が乗車。車体は82式指揮通信車と共通の６輪のコンバットタイヤを使用。機関砲はＮＡＴＯ制式と同じエリコン製の25㎜砲で、特殊装置として操縦用と砲手用の微光暗視装置を搭載。後方はペリスコープやＴＶカメラで監視する。師団や旅団などの偵察部隊に配備。

SPEC

◎全備重量:約15t ◎全長:5.99m ◎全幅:2.48m ◎全高:2.8m ◎最高速度:約100km/h ◎エンジン:水冷4サイクル10気筒ディーゼル ◎出力:305ps/2,700rpm ◎武装:エリコンKBA25mm機関砲×1 ◎乗員:5名

軽装甲機動車

LIGHT ARMOURED VEHICLE

車体上部のオープンハッチを開けた軽装甲機動車。2003年のイラク派遣をはじめ、自衛隊の海外活動で頻繁に用いられている。

高い機動力で歩兵を迅速に展開

小銃弾に耐える軽装甲を施し、パトロールや偵察任務などに使用され、ヘリに吊り下げて移動できるなど機動性が高い。固有の搭載火器はないが、天井に設置された盾付きのオープンハッチから5・56㎜機関銃の車載射撃や軽対戦車誘導弾の車上射撃が可能である。制式配備ではなく、部隊使用承認扱いなので〇〇式という採用年度は付いていない。軽装甲を持ち、機動力が高く、歩兵の足代わりとして重宝されているため、現在までに1800両近く調達され、全国の普通科部隊などに配備。航空自衛隊も基地警備隊向けに導入している。

SPEC

◎空車重量:約4.5t ◎全長:4.4m ◎全幅:2.04m ◎全高:1.85m ◎最高速度:約100km/h ◎行動距離:約500km ◎乗員:4名

NBC偵察車

NBC RECONNAISSANCE VEHICLE

2010年度の予算より調達を開始した特殊車両。車体中央上部左側には12.7mm重機関銃を装備。

核・生物・化学兵器を検知しNBCに対処

陸自が保有するNC（核・化学）兵器対処用の化学防護車と、B（生物）兵器対処用の生物偵察車の機能を一本化した後継装備。放射線の測定、有毒化学剤、生物剤の検知・識別機能により汚染状況を解明し、適切な対応を取ることで影響や被害を抑えるのが役割だ。4軸8輪の大型装甲車両で、観測・分析器材などを搭載。汚染状況などのデータは、高性能な情報処理機器によりリアルタイムで指揮所や関係部隊間で共有できる。中央即応集団の中央特殊武器防護隊や、各地の特殊武器防護隊に配備が進んでいる。

SPEC

◎装備重量:約20t ◎全長:約8m ◎全幅:約2.5m ◎車体高:約3m ◎最高速度:95km/h ◎武装:12.7mm重機関銃M2×1 ◎乗員:4名

テロや政変で脱出する
海外の邦人を防護輸送

輸送防護車

MINE RESISTANT AMBUSH PROTECTED

2014年に配置されたオーストラリア生まれの装輪装甲車。対IED防御力が高く、在外邦人の保護などで活躍が期待されている。

車体下部にはIEDの爆風を受け流すために浅いV字型をしている。

車体上部に5.56mm機関銃MINIMIを装備。車体の窓ガラスは防弾仕様。

2016年4月現在、陸上自衛隊は4両のブッシュマスターを保有。

自衛隊法(在外邦人等の輸送)の改正で、航空機と船舶に限定されていた邦人の輸送手段に車両が追加された。それを受けて導入されたのがIED(即席爆発装置)に対する防護性能に優れたオーストラリア製の輸送防護車「ブッシュマスター」だ。車体は底部が船底のようにV字になっているのが特徴で、IEDの爆風を左右に逃がすように設計されている。装甲の強度も従来の輸送車を上回り、小火器による銃撃などにも耐えられる。最高速度は時速100kmで最大8名の輸送が可能。航空自衛隊の輸送機C-130HやC-2でも空輸できる。国内外での緊急事態などに対応する中央即応連隊(栃木県・宇都宮駐屯地)の誘導輸送隊に配備された。

SPEC

◎装備重量:約14.5t ◎全長:7.18m ◎全幅:2.48m ◎車体高:2.65m
◎最高速度:100km/h ◎乗員:10名

96式自走120mm迫撃砲

TYPE 96 120MM SELF-PROPELLED MORTAR

車体後方に搭載された120mm迫撃砲はターンテーブルによって左右45度に旋回可能。重迫撃砲中隊の中心火力だ。

素早く陣地変換しながら敵を制圧・撃破

機甲師団である第7師団第11普通科連隊（重迫撃砲中隊）の中心火力。普通科に配備されている120㎜迫撃砲RTを装軌車として自走化・装甲化させたもので、機敏に陣地変換でき、不整地走行性能や装甲防護性に優れている。射撃時には戦闘室上方と後方のハッチを開放し、後方に向かって発射。砲は左右45度まで旋回が可能だ。運用では増援特科火力とともに敵の歩兵や装甲車両などを制圧・撃破する。上部には自衛用のM2重機関銃を装備している。

SPEC

◎全備重量:23.5t ◎全長:6.7m ◎全幅:2.99m ◎全高:2.95m ◎最高速度:50km/h ◎エンジン:水冷2サイクル8気筒ディーゼル ◎出力:411ps/2,300rpm ◎武装:120mm迫撃砲RT、12.7mm重機関銃M2×各1 ◎乗員:5名

99式155mm自走榴弾砲

TYPE 99 155MM SELF-PROPELLED HOWITZER

1999年から調達を開始した陸上自衛隊の最新自走榴弾砲。数キロ離れた目標を撃破する能力を持つ。

長距離榴弾砲で近接戦闘部隊を背後から支援

一見戦車のようだが、自走榴弾砲は大砲を無限軌道によって移動可能にしたもの。数キロ離れた敵に対し、曲線的な弾道で榴弾砲を打ち込み、近接戦闘部隊を支援する。砲弾とともに装薬の装填は自動化。特に装薬の装填も自動化した自走榴弾砲は世界的にも珍しい。射撃統制装置は野戦特科全体を指揮することができる野戦特科射撃指揮装置（FADAC）にデータリンクしており、射撃指揮所の遠隔操作による自動標定、自動照準、自動装填、自動発射も可能とされている。主に北部方面隊の特科連隊に配備。

SPEC

◎全備重量:40t ◎全長:11.3m ◎全幅:3.2m ◎全高:4.3m（積載状態） ◎最高速度:49.6km/h ◎エンジン:水冷4サイクル直列6気筒ディーゼル ◎出力:600ps ◎最大射程:約30,000m ◎発射速度:18発以上/3分間（最大） ◎武装:155mm榴弾砲、12.7mm重機関銃M2×各1 ◎乗員:4名

96式多目的誘導弾システム

TYPE 96 MULTI-PURPOSE MISSILE SYSTEM

光ファイバーTVM赤外線画像誘導方式を採用。ターゲットを確実にとらえる、驚異のハイテク多目的ミサイルシステム。

敵上陸用舟艇を見通し外から撃破

対上陸戦闘では上陸前の敵上陸用舟艇を見通し外から撃破し、地上戦闘では敵戦車などを遠距離から撃破する。ミサイルは光ファイバーTVM赤外線画像誘導方式。目標の画像信号を地上誘導装置に送り、射手は画像をTV画像として確認して弾頭を誘導する。情報処理装置、射撃指揮装置、地上誘導装置、発射機、観測器材と、誘導弾を運搬・交換する装填機を搭載した6両（1個射撃分隊）で構成。北部方面対舟艇対戦車隊（北海道・倶知安駐屯地）、西部方面対舟艇対戦車隊（大分県・玖珠駐屯地）、第2師団第2対舟艇対戦車中隊（北海道・上富良野駐屯地）に配備。

SPEC

◎全長：約2m ◎胴体直径：約16cm ◎重量：約60kg ◎誘導方式：光ファイバー TVM赤外線画像誘導方式 ◎構成：情報処理装置、射撃指揮装置、地上誘導装置、発射機、観測器材＋装填機

12式地対艦誘導弾

TYPE 12 SURFACE-TO-SHIP MISSILE

重装輪車両に搭載された12式地対艦誘導弾の発射装置。88式地対艦誘導弾から格段に性能が進化した。

山の背後に忍んで敵艦艇にミサイル攻撃

陸上発射型の対艦誘導弾。発射されたミサイルはロケットモーターとターボジェットにより自立航法で飛行。中間は慣性誘導とGPS誘導、終末はアクティブ・レーダー・ホーミングにより海上の目標に到達する。特長はGPSによる地形追従機能だ。ミサイルは陣地隠蔽しやすい山の背後から発射され、山あいを縫うように飛翔する。射程は約200㎞、命中精度も世界でトップクラスとされる。現行主力の88式地対艦誘導弾は北部、東北、西部の各方面隊に配備されているが、より高性能な12式は南西方面をにらみ西部方面特科隊第5地対艦ミサイル連隊（熊本県・健軍駐屯地）に集中配備される。

SPEC

◎全長：約5.00m ◎直径：約350mm ◎重量：約700kg ◎誘導方式：慣性誘導＋GPS誘導＋アクティブ・レーダー・ホーミング ◎射程：約200km ◎構成：捜索標定レーダー装置×2基、中継装置×1基、指揮統制装置×1基、射撃管制装置×1基、発射機搭載車両×1～4両、弾薬運搬車×1～4両

03式中距離地対空誘導弾

TYPE 03 MEDIUM-RANGE SURFACE-TO-AIR MISSILE

純国産の中距離地対空ミサイルシステム。写真の発射装置のほか、射撃管制装置やレーダーなどとともに運用する。

部隊防空を担う低空目標用の誘導ミサイル

師団や旅団など重要地域の防空を担う純国産の低空目標用の誘導弾。ミサイル本体は発射筒を兼ねた角型コンテナに収められ、発射装置と運搬装填装置に各6発搭載。ミサイルシステムは大型トラックや高機動車、重装輪車などに搭載され、迅速な機動展開で有事に即応。レーダーはアクティブフェーズドアレイレーダーで、100目標を追尾し、12目標を捕捉。ECCM(対電子妨害対抗手段)にも優れている。誘導方式は中間指令誘導とアクティブ・レーダーホーミングの組み合わせ。射程は推定60km以上。東部、中部、西部各方面隊隷下の高射特科群・高射特科連隊に配備。

SPEC

◎全長:約4,900mm ◎胴体直径:約320mm ◎重量:約570kg ◎構成:対空戦闘指揮装置、幹線無線電送装置、幹線無線中継装置、射撃統制装置、射撃用レーダー装置、発射装置、運搬装てん装置

多連装ロケットシステム

MULTIPLE LAUNCH ROCKET SYSTEM

多連装ロケットシステムの自走発射装置M270。開発国のアメリカをはじめ、多くの国で採用される強力な火力支援兵器だ。

最終防衛線から圧倒的火力を叩き込んで面制圧

敵侵攻部隊による本土上陸作戦の最終防衛線を担う多連装ロケット発射機。正確な射撃は目的としておらず、短時間で圧倒的な火力を叩き込んで面制圧を行う。左右6発、合計12発のロケット弾を搭載し、発射位置に到着後速やかに照準し、射撃を開始。1分間で約12発を発射し、制圧範囲は約200m×100mに及ぶ。全弾発射後は発射機部に搭載されたブームホイスト装置によって積み下ろしが可能で、迅速な再装填が行える。システムは自走発射機、指揮装置、予備弾薬車で構成。北部、東北、西部各方面隊の野戦特科部隊に配備されている。

SPEC

◎全備重量:約25t ◎全長:約7.0m ◎全幅:約3.0m ◎全高:約2.6m ◎最高速度:約65km/h ◎エンジン:水冷4サイクルV型8気筒ディーゼル ◎出力:約500ps ◎武装:12連装ロケット弾発射機×1 ◎最大射程:約30,000m ◎乗員:3名

89式5.56mm小銃

HOWA TYPE 89 ASSAULT RIFLE

自動小銃は隊員の基本装備

64式小銃を更新近代化した国産自動小銃。口径はNATOの第二標準弾である5・56㎜。一部に新素材を取り入れて64式より約1kg軽量化された。単発と連発の切り替えのほか、3連射する3点制限点射(スリー・ショット・バースト)方式を採用。固定銃床型と、空挺隊員や戦車隊員など用の折り曲げ銃床式の2型式ある。

SPEC

◎口径:5.56mm ◎重量:3.5kg ◎全長:約920mm(固定銃床型)、約670mm(折り曲げ銃床型) ◎作動方式:ガス圧利用、単発・連発・3点バースト(制限点射) ◎発射速度:最大約850発/分 ◎装弾数:20/30発

1989年に制式化された陸上自衛隊の主力小銃。日本人の体格に合わせて設計されている。

5.56mm機関銃 MINIMI

5.56MM MINIMI LIGHT MACHINE GUN

歩兵分隊の行動を支援

発射速度は標準(750発/分)、最大(1000発/分)の2段階切り替え。給弾はリングベルト給弾と専用の箱型弾倉(200発入り)による給弾のほか、小銃用弾倉(30発入り)が装着できる。下部被筒の下面に収容可能な二脚を展開した射撃のほか、アダプターを介した三脚架射撃が可能だ。軽量コンパクトな構造で、携行が容易なのも特徴。

SPEC

◎口径:5.56mm ◎重量:7.01kg ◎全長:約1,040mm ◎作動方式:ガス圧利用 ◎給弾方式:弾倉、ベルト ◎発射速度:最大約750～1,000発/分

本体に収納されている二脚を展開した伏せ撃ち。

対人狙撃銃

M24 SNIPER WEAPON SYSTEM

ゲリコマなどの特定の敵を狙撃

ゲリラ・コマンド(不正規軍・特殊部隊)などに対処するために導入。レミントンM700をもとに開発されたM24軍用狙撃銃で、弾薬は米陸軍と共通化した7・62×51㎜弾を5発装填でき、ボルトアクションによる手動で操作する。狙撃手は射撃技術、体力等の優れた者から選抜。普通科連隊や特殊作戦群の狙撃班に配属され、基本的に狙撃手1名と観測員1名の2人1組で行動。指揮官の警護や部隊の側面支援を行う。

SPEC

◎口径:7.62mm ◎重量:約4.7kg ◎全長:約1,092mm ◎作動方式:手動(ボルトアクション)式 ◎弾倉容量:5発

射撃姿勢は基本的に寝撃ち、もしくは膝撃ち。銃は狙撃手が管理し、本人以外は触れることができない。

91式携帯地対空誘導弾

TYPE 91 MAN-PORTABLE AIR-DEFENSE SYSTEM

SPEC

◎弾体重量:約11.5kg ◎全長:約1.43m ◎胴体直径:8cm

07年からは赤外線画像(IIR)誘導方式を採用した改良型の調達も開始している。

自衛防空用の携帯型兵器

近距離の対空自衛用の個人携帯地対空誘導弾。誘導方式は赤外線パッシブ誘導と可視光CCDイメージ誘導とのハイブリッド型。CCDカメラの画像認識により目標を形として記憶してから誘導・追尾するためフレアなどの妨害に影響されにくく、命中率も高い。推進機関は2段式の固体燃料ロケット。姿勢制御は発射後に展開する前部小型翼4枚と、後部の4枚の翼で行う。自衛防空用として普通科・機甲科、特科部隊に配備。

01式軽対戦車誘導弾

TYPE 01 LIGHT ANTI-TANK GUIDED MISSILE

個人で扱える超小型ミサイル

射手が肩にかついで照準・射撃する個人携行式対戦車兵器。赤外線画像誘導で戦車などが発する赤外線を捉えて誘導する。また装甲の薄い上面を攻撃するダイブモード(トップアタック)と低伸弾道モード(ダイレクトヒット)を選択でき、2段のタンデム弾頭で爆発反応装甲にも対応。発射時の後方爆風が少ないので、掩体や車上からも発射できる。全国の普通科部隊の小銃小隊に配備されている。

SPEC

◎弾体重量:約11.4k ◎全長:約97cm ◎胴体直径:14cm ◎発射速度:4発/分 ◎システム重量:約17.5kg

軽装甲機動車の車上から発射される01式軽対戦車誘導弾。

84mm無反動砲

84MM RECOILLESS RIFLE

使い勝手のよい携帯型火力

1979年から採用された肩撃ち式の歩兵携行用対戦車兵器。普通科小銃小隊1個班に1門を装備し、砲手と予備弾薬運搬の2名で運用する。弾薬は、対戦車榴弾、榴弾、照明弾、発煙弾と訓練弾。携帯型対戦車兵器としては旧式化しているが、弾種の多様性など無反動砲として使い勝手がよいため、今も貴重な携帯火力として活躍。普通科以外にも、特科や機甲部隊などにも配備されている。

SPEC

◎口径:84mm ◎重量:8.5kg ◎全長:1,130mm ◎弾丸質量:対戦車榴弾 3.2kg(全備)、榴弾 3.1kg(全備) ◎発射速度:約4〜5発/分 ◎有効射程:約700m(HEAT弾)/約1,000m(HE弾)

多くの国が採用する世界的ベストセラー。改良により軽量化に成功している。

陸自の空中輸送を一手に担う人員・車両・兵器まで

輸送ヘリコプター CH-47JA

CARGO HELICOPTER CH-47 CHINOOK

通称「チヌーク」。前部ローターを左回り、後部ローターを右回りに回転させることで、互いに回転トルクを打ち消すタンデムローターを採用。

CH-47JAからリペリング降下（ロープを使った垂直降下）を行う隊員。

森林火災の消火活動を行うCH-47JA。高い輸送力から災害派遣でも活躍。

高機動車も格納可能。10トン超の貨物を運べる抜群の輸送力を誇る。

作戦行動における車両や人員の航空輸送、空挺隊員の降下などに加え、最大12.7トンの火砲や車両を機外に吊り下げることができ、災害派遣、国際緊急援助隊、在外邦人の輸送にも備えるなど活動の場は広い。大型燃料バルジにより航続距離が約1000kmと長く、GPSとIGI（慣性航法装置）、気象レーダー、FLIR（前方監視型赤外線装置）、NVD（暗視装置）対応型のコックピットのため、夜間での作戦能力が向上。空中機動力を強化した第12旅団（群馬県・相馬原駐屯地）、第15旅団（沖縄県・那覇駐屯地）、第1ヘリコプター団（千葉県・木更津駐屯地）、西部方面ヘリコプター隊（佐賀県・目達原駐屯地）などに配備されている。

SPEC

◎全長:30.18m（胴15.88m） ◎全幅:16.26m（胴4.78m） ◎全高:5.69m ◎ローター直径:18.29m（3枚×2） ◎エンジン:ターボシャフト・エンジン ◎出力:3,149shp×2 ◎最大全備重量:22.68t ◎最高速度:約270km/h ◎巡航速度:260km/h ◎航続距離:1,040km ◎実用上昇限度:2,700m ◎乗員:3名+55名

敵戦車の天敵となる
卓越した対処能力

戦闘ヘリコプター AH-64D

Attack Helicopter AH-64D Apache Longbow

2005年から運用が始まった「アパッチ・ロングボウ」。スティンガーミサイルを装備可能にするなど、日本向けの改修が行われている。

機首にはTADS(目標捕捉・指示照準装置)が備わる。

機体には強固な装甲が施され、多数のハイテク機器が装備されている。

敵戦車などの最大の脅威となる攻撃ヘリコプターで、通称「アパッチ・ロングボウ」。ロングボウとはメインローター上のロングボウ・レーダーのこと。地上の２００を超える目標を探知し、種別の特定や脅威度を判定して即座に攻撃優先順位付け。デジタル通信式のデータリンクシステムにより戦術情報を共有して効率的な攻撃や部隊間での緊密な作戦行動が行える。機体は強固に装甲され、日本独自仕様の空対空ミサイル、スティンガー、70㎜ロケット弾、ヘルファイアミサイル、30㎜機関砲で武装。調達は62機の計画が13機で打ち切られたため、実戦配備は西部方面航空隊第3対戦車ヘリコプター隊(佐賀県・目達原駐屯地)のみ。

呼び名の由来であるメインローター上部のロングボウ・レーダー。

機体下部には30mm機関砲を装備。眼下の敵ににらみを利かせる

SPEC

◎全長:17.73m(胴体長14.96m) ◎全幅:14.63m(スティンガーランチャー搭載時5.70m) ◎全高:4.9m ◎ローター直径:14.63m ◎エンジン:ターボシャフト・エンジン ◎出力:1,662shp×2 ◎最大全備重量:10,400kg ◎最大速度:約270km/h ◎武装:空対空ミサイル スティンガー、70mmロケット弾、ヘルファイアミサイル、30mm機関砲 ◎乗員:2名

多用途ヘリコプター UH-60JA

UTILITY HELICOPTER UH-60 BLACK HAWK

ヘリボン作戦の中核を占める、通称「ブラックホーク」。優れた機動力を持ち、長距離飛行が可能なため、災害派遣でも活躍している。

ヘリボン作戦から災害派遣まで幅広い任務で活躍

空中機動により小部隊を敵の要地に送り込む「ヘリボン」作戦の中核を担う。夜間暗視装置、航法気象レーダー、GPSや慣性航法装置による自動操縦機能などを備えているためさまざまな条件下で機動力が高く、燃料容量を増加して航続距離も長い。多用途ヘリの名前の通り、災害派遣での活躍も目立っている。配備部隊は第12旅団第12ヘリコプター隊（北宇都宮駐屯地）、西部方面航空隊西部方面ヘリコプター隊（佐賀県・目達原駐屯地）など、関東や九州地方が中心。

SPEC

◎全長:19.76m（胴15.64m） ◎全幅:16.36m（胴5.49m） ◎全高:5.13m ◎ローター直径:16.36m（4枚） ◎エンジン:ターボシャフト・エンジン ◎出力:1,662shp×2 ◎最大全備重量:9,970kg ◎巡航速度:約240km/h ◎航続距離:約470km ◎実用上昇限度:約4,500m ◎乗員:2名+12名

観測ヘリコプター OH-1

OBSERVATION HELICOPTER OH-1 NINJA

純国際のヘリコプター、通称「ニンジャ」。その名の通り、高い偵察機能と機動力を持つ観測用ヘリコプターだ。

高い機動力と偵察能力で敵陣に忍び込み情報を収集

赤外線センサー、可視カラーTV、レーザー測距装置を一体化した索敵サイトを搭載し、昼夜を問わず探知・識知が可能。グラスファイバー複合材を使ったローターブレード、座席の装甲化・防弾ガラス、二重の油圧・操縦系統などで生存性を高め、機体本体の幅も1mしかないため、レーダー反射面積が小さく、目視でも発見されにくい。特筆すべきは機動力で、垂直上昇や急降下、宙返り、バレルロールなども可能だ。コックピットには任務適合性の高いアピオニクス統合システムを採用している。各方面航空隊のヘリコプター部隊に配備。

SPEC

◎全長:13.40m ◎全幅:11.60m（AAMランチャー幅3.30m） ◎全高:3.80m ◎ローター直径:11.6m（4枚） ◎エンジン:ターボシャフト・エンジン ◎出力:777shp×2 ◎最大全備重量:約4,000kg ◎最大速度:約280km/h ◎巡航速度:約240km/h ◎航続距離:約550km ◎実用上昇限度:約4,880m ◎武装:AAM×4 ◎乗員:2名

特集2 知っておきたい

自衛隊の任務と活動

付随的任務

付随的任務

自衛隊は「本来任務」の「主たる任務」「従たる任務」の他、自衛隊法第8章で定められた以下の任務と活動に従事することができる。

■国際平和協力活動

■土木工事等の受諾

■教育訓練の受託

■在外邦人の輸送等

■運動競技会に対する教育

■南極地域観測に対する協力

■国賓等の輸送

■不発弾の処理

法的根拠に基づいて動く陸海空の自衛隊

法治国家である日本では、実力組織である自衛隊は法的根拠に基づく命令がなければ1ミリたりとも動くことはできない。そのため、自衛隊の活動は自衛隊法など各種法律によって定められている。法律に規定されていない活動を行う場合、これまでは時限立法である特別措置法をその都度制定して対応してきたが、今後は新たに施行された恒久法の平和安全法制に基づいて行動することになる。

陸海空自衛隊は、自衛隊法第3条第1項により「我が国の平和と独立を守り、国の安全を保つため、直接侵略及び間接侵略に対し我が国を防衛することを主たる任務とし、必要に応じ、公共の秩序の維持に当たる」ものとされる。さらに2項には「前項に規定するもののほか、同項の主たる任務の遂行に支障を生じない限度において、かつ、武力による威嚇又は武力の行使に当たらない範囲において、次に掲げる活動であって、別に法律で定めるところにより自衛隊が実施することとされるものを行うことを任務とする」とある。活動とは「我が国の平和及び安全の確保に資する活動」と「我が国を含む国際社会の平和及び安全の維持に資する活動」の2つである。

自衛隊の任務は、大きく「本来任務」と「付随的任務」の2つに分けられていて、さらに本来任務は、「主たる任務」と「従たる任務」に分けられる。

自衛隊の任務と活動

陸海空自衛隊の任務は、自衛隊法によって「本来任務」と「付随的任務」に分かれている。

本来任務

主たる任務

「我が国の平和と独立を守り、国の安全を保つため、直接侵略及び間接侵略に対し我が国を防衛すること」（自衛隊法 第3条1項）

■防衛出動等に基づく活動

従たる任務

「必要に応じ、公共の秩序の維持に当たる」もの、「主たる任務の遂行に支障を生じない限度」かつ「武力による威嚇又は武力の行使に当たらない範囲」で、「別に法律で定めるところにより」実施するもの（自衛隊法 第3条2項）

■治安出動

■海上警備行動

■海賊対処行動

■対領空侵犯措置

■災害派遣

自衛隊の主たる任務「国土の防衛」

「本来任務」の「主たる任務」は、防衛出動に基づく活動である。現在の法律では最もハイレベルな軍事行動であり、戦争状態といえる。そのため、防衛出動は国会の承認が必要になるが、武力攻撃を排除するため「武力の行使」が認められる。その際の武力行使に関しては、「国際の法規及び慣例によるべき場合にあってはこれを遵守し、かつ、事態に応じ合理的に必要と判断される限度をこえてはならない」とされている。現日本国憲法下では防衛出動の命令が下されたことは一度もない。自衛隊はその万一に備えて、日々の訓練などを行っているわけだ。

「従たる任務」の中では、一般の警察力では治安が維持できない場合に出動する「治安出動」も発令実績はない。他方、海上における治安出動にあたる「海上警備行動」は1999（平成11）年9月24日の能登半島沖不審船事案で海自創設以来初めて発令され、その後も漢級潜水艦の領海侵犯事案とソマリア沖における海賊対策で2度発令されている。災害派遣、対領空侵犯措置、国際平和協力活動、「付随的任務」の不発弾処理、南極観測支援などでは数多くの実績を残してきている。なお自衛隊の運用は防衛大臣の指揮のもと、統合幕僚長が一元的に行っている（32ページの図参照）。

自衛隊の運用体制および統合幕僚長と陸海空幕僚長の役割

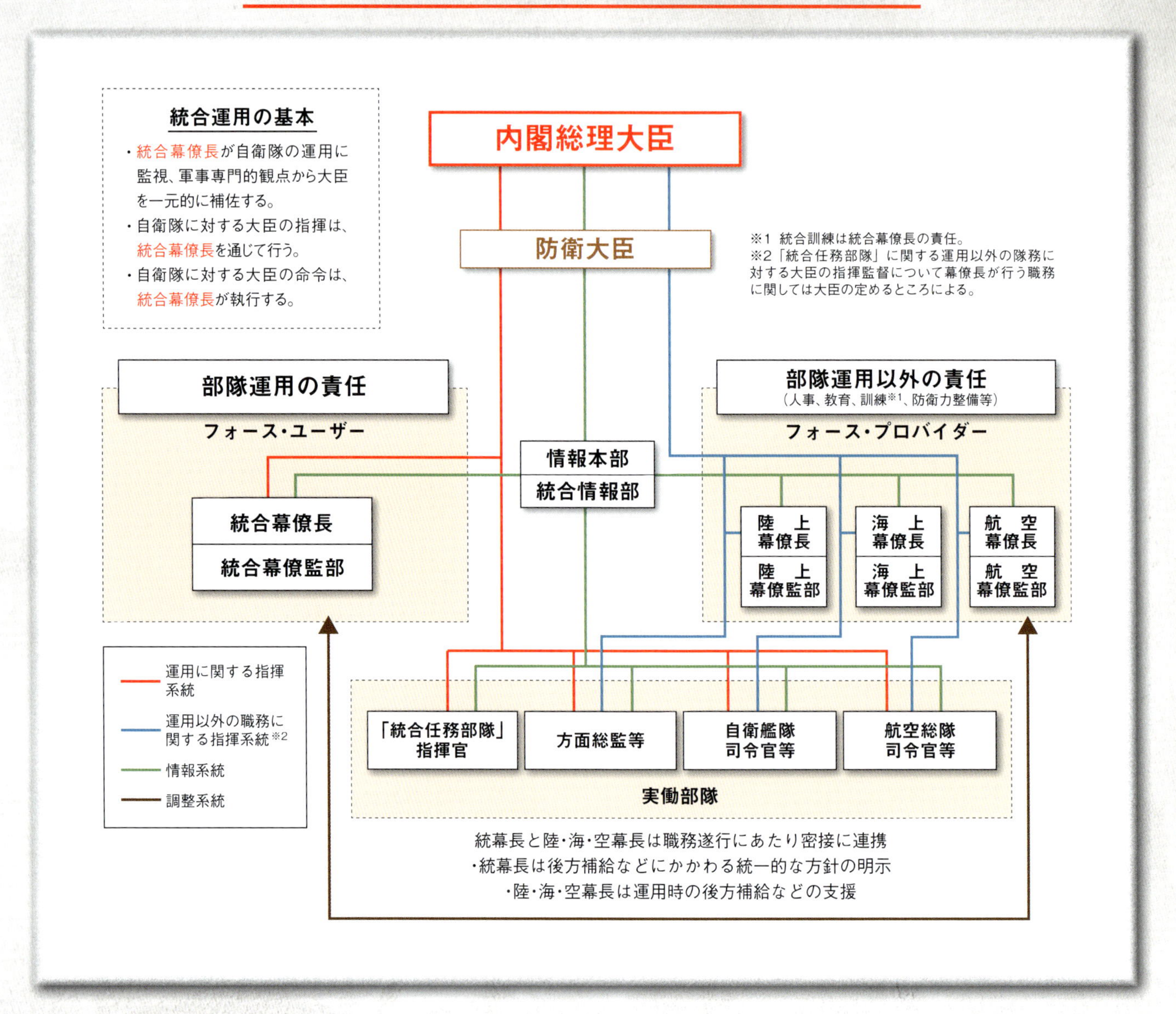

ソマリア・アデン湾に向け進出中の護衛艦（2016年3月）

広島市における人命救助の災害派遣（2014年8月）

初動対処部隊「FAST-Force」の車両（海田市駐屯地）

災害から国民を救出「災害派遣」

国民にとって、最もなじみの深い自衛隊の活動が災害派遣だろう。

災害などの発生時は、第一義的には警察や消防が対処するが、その対応が限界を超えた場合、都道府県知事その他政令で定める者からの要請により自衛隊が出動する。ただし緊急に人命救助が必要な場合や都道府県知事等と連絡が取れない場合は「自主派遣」が行われる。

近年、日本では多くの自然災害が発生しており、また近い将来に巨大地震の発生なども懸念されている。そのため、自衛隊では「FAST Force」と呼ばれる初動対処部隊を置いている。

ファスト・フォースとは、「First（発災時の初動において）」「Action（迅速に被害収集、人命救助および）」「SupporT（自治体等への支援を）」「Force（実施する部隊）」からの造語。

災害派遣での待機態勢（基準）は、陸上自衛隊は全国158の駐（分）屯地の隊員、海上自衛隊は各地方総監部で初動対応艦1隻、各航空基地で哨戒機・救難機、航空自衛隊は航空救難待機として各基地で救難機が、緊急空輸待機として各基地で輸送機などが待機し、災害発生時には1時間以内に被災地に入る。人員は約3000名とされる。

自衛隊は災害派遣において、人命

災害派遣などにおける自衛隊の待機態勢(基準)

施設作業で汗を流す自衛隊員(南スーダン共和国)

国連南スーダン共和国ミッションには2011年から参加

双眼鏡で海上を監視する海上自衛隊員(2016年3月)

救助などさまざまな活動を行っているが、そうした特別な訓練は行ってはおらず、基本的に日常の訓練を応用している。使用する器材も同様である。

人道的支援で国際協力「国際平和協力活動」

自衛隊にとって初の海外実任務は、湾岸戦争終結後の1991(平成3)年、ペルシャ湾に海上自衛隊の掃海部隊(ペルシャ湾掃海派遣部隊)が派遣されたのが始まり。その翌年には国際平和協力法(PKO協力法)が定められ、カンボジアPKOに陸上自衛隊が派遣されて以降、国際平和協力活動が本格化した。

自衛隊のこれまでの海外派遣は、恒久法である国際平和協力法に基づく国際連合平和維持活動が9回、同じく国際緊急援助隊が17回。イラク戦争後のイラク人道復興支援やインド洋後方支援では、イラク特措法とテロ特措法・新テロ特措法という時限立法を策定して派遣している。現在活動を行っているのは、海賊対処法に基づくソマリア沖の海賊対処、PKO活動の国際連合南スーダン派遣団の2つ。ソマリア沖の海賊対処ではジブチに海外で初めてとなる基地を設置している。自衛隊の海外活動は、平和安全法制の施行により、今後ますます増えることが予想される。

陸海空自衛隊は、普段は駐屯地や基地において訓練を積み重ねている。
だが、その日常が部外者の目に触れることはほとんどない。
陸上自衛隊海田市駐屯地の第13旅団の協力により、
隊員たちの日常に密着。塀一枚隔てた駐屯地の中では
実にさまざまな訓練が行われていたのである。

特集3 陸上自衛隊の日常とは？

海田市駐屯地の訓練に密着！

70年近くの歴史を持つ海田市駐屯地に密着

海田市駐屯地は広島市中心部から南東約10m、安芸郡海田町の海田湾に面したところにある。ここは戦前、陸軍の施設があった場所で、1935（昭和10）年、海田市、矢野新開などが埋め立てられて陸軍用地（現・自衛隊海田市駐屯地）となった。1939（昭和14）年から終戦まで旧陸軍物資集積所が置かれており、大陸および南方作戦の重要な兵站任務を担った場所だ。

現在の海田市駐屯地が開設されたのは、1950（昭和25）年の警察予備隊発足時。警察予備隊は自衛隊の前身に当たる組織であるため、海田市駐屯地は自衛隊の誕生とともにその歩みを始めた歴史ある駐屯地ということができる。

ちなみに自衛隊の活動拠点は、陸自では「駐屯地」、海・空自では「基地」と呼ばれる。これは、陸自は部隊で進出した場所に逐次拠点を設けて行動するため、一時的に留まっている場所という意味から「駐屯地」、海空は艦艇や航空機などが基点となる場所から出動し、同じ場所に戻ってくるため「基地」と呼ばれている。英語では駐屯地は「Camp」、基地は「Base」となる。

中国地方の守りの要
第13旅団司令部

射撃訓練

第13旅団司令部、第13旅団司令部付隊

陸上自衛隊では定期的な射撃訓練と、年1回以上の検定を実施し、技能の向上を図っている。
この日は第13旅団司令部、第13旅団司令部付隊の射撃訓練が、原村演習場の中の屋内射撃場で行われた。第13旅団司令部は旅団長と副旅団長が護身用の9mm拳銃で10mの距離から射撃。第13旅団司令部付隊の隊員は89式5.56mm小銃により200mの射程で訓練を実施。射撃方法は時間制限（限秒）や、立姿～伏射ち、立姿～膝射ちなどの課題が与えられる。
射撃の結果は小火器射撃評価システムという装置により、手元のモニターの表示で確認できる。

体力検定

第13後方支援隊

自衛隊では全隊員が一年に一回体力検定を受けなければならない。1～7級まであり、その基準（年齢によって異なる）に一つでも満たない隊員は級外となって査定や昇任にも響くのでかなり重要だ。
体力検定の内容は、腕立て伏せ、腹筋、3000m走、懸垂、走り幅跳び、ボール投げの6種目。非常に厳格な体力検定要領というものがあるので、適当に腕立て伏せや腹筋などをしても回数としてカウントしてくれない。情け容赦はないのである。

漕舟訓練

第13施設隊

舟は2艇の船尾を連結した形になっており、櫓や櫂（オール）を使って操船する。この訓練は災害時における人命救助、捜索、車両運搬などの各種状況に対処するために実施。水害などの発生時に、要救助者を乗せて自衛隊員が腰まで水に浸かりながら人力で引っ張っている姿を見たことがある人も多いだろう。横に並べて橋を渡すこともある。

Camp Kaitaichi

海田市駐屯地 所在地：広島県安芸郡海田町寿町2-1

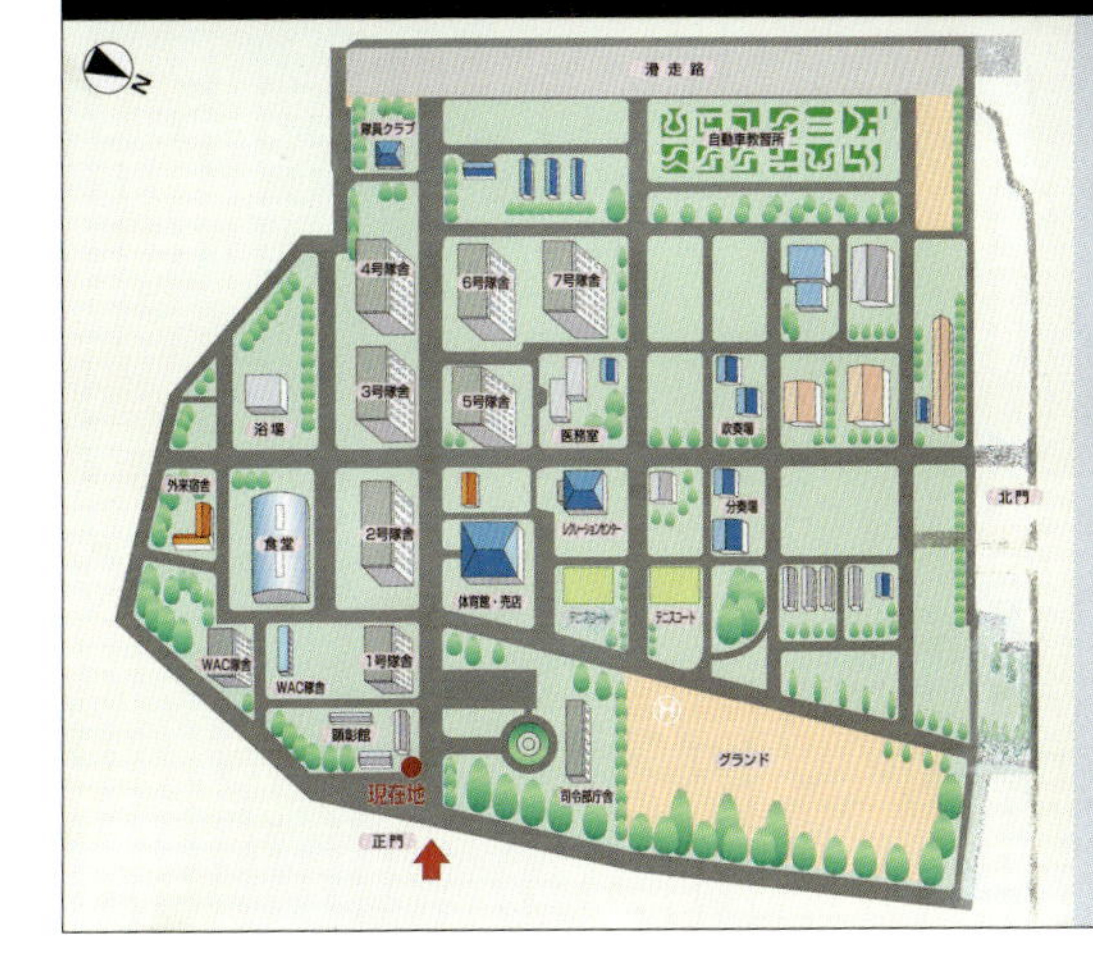

【駐屯部隊・機関】

- 第13旅団司令部
- 第13旅団司令部付隊
- 第46普通科連隊
- 第47普通科連隊
- 第13後方支援隊
- 第13特殊武器防護隊
- 第13施設隊
- 第13通信隊
- 第13音楽隊ほか

海田市駐屯地に駐屯する部隊は、第13旅団司令部および旅団隷下6個部隊、方面混成団隷下の第47普通科連隊、駐屯地業務諸隊7個部隊など。

そのうち中核を占める第13旅団は、中国5県（鳥取、島根、岡山、広島、山口）の防衛、警備、災害派遣を担当する部隊。中国地方の防衛の要である。

隣接の第14旅団（香川県・善通寺駐屯地）とは愛媛県一部地域に対する支援を、第4師団（福岡県・福岡駐屯地）とは協定に基づき相互支援を実施している。

第13旅団は海田市駐屯地の旅団司令部のほか、第8普通科連隊（鳥取県・米子駐屯地）、第17普通科連隊（山口県・山口駐屯地）などを基幹とし、火力戦闘を行う第13特科隊（岡山県・日本原駐屯地）、戦車による戦闘を行う第13戦車中隊（同）などで編成。

海田市駐屯地には、そのうち基幹部隊の第46普通科連隊や、施設器材による支援を行う第13施設隊、補給や整備支援により作戦に寄与する第13後方支援隊、音楽演奏により隊員の士気高揚を図る第13音楽隊、化学・生物・放射性物質を検知・除染する第13特殊武器防護隊などが駐屯。任務を遂行するために、毎日、厳しい訓練に明け暮れている。

自衛官たちは駐屯地の中で、どういった訓練を行っているのか。基地の内部を覗いてみよう。

レンジャー準備訓練

第46普通科連隊

レンジャーは、陸自において最も過酷な訓練を終えた隊員にのみ与えられる資格。レンジャー準備訓練は、レンジャー集合訓練開始前に、レンジャー隊員のあるべき姿を活模範として誇示する指導部の育成及び周到な訓練管理に基づく安全管理の徹底を図ることを目的に実施している。教育開始前であり鬼のレンジャー教官の顔にも若干の笑顔が。

警察との共同訓練

第46普通科連隊

第46普通科連隊は、広島県警機動隊との共同訓練を平成21年以降年1回実施。目的は両機関の連携強化による対処能力の向上だ。参加した隊員は県警機動隊約60名、自衛隊約70名。訓練は武装した工作員が県内に侵入し、警察では対処できないため自衛隊に治安出動が命じられたという設定。県警機動隊で開始式が行われた後、軽装甲機動車や高機動車計9台に分乗し、白バイの先導で海田市駐屯地内に移動。共同で検問を設置し、武装工作員を制圧する訓練などを行ったという(訓練は非公開、写真提供:海田市駐屯地)。

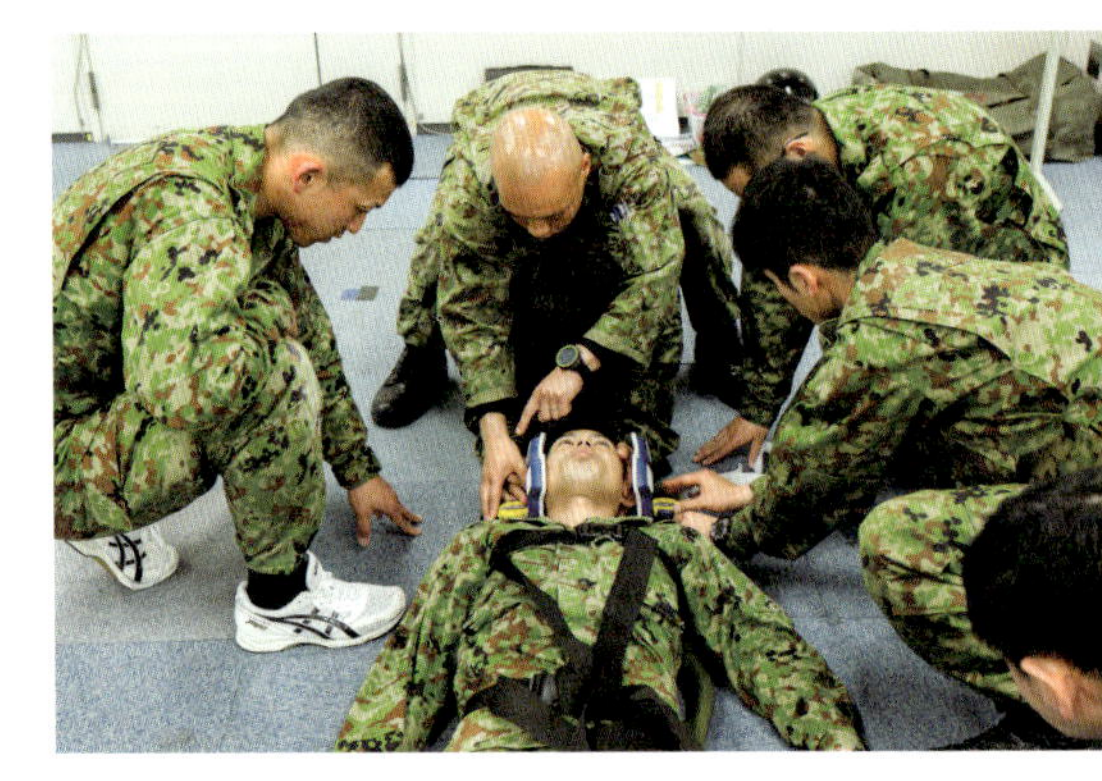

救急法検定評価員集合訓練

第13後方支援隊

災害派遣の現場では、自衛隊員が最も早く現場=被災者に接することも多い。そのため、第13旅団では隊員に対してJPTECプロバイダー(Japan Prehospital Trauma Evaluation and Care=日本救急医学会公認の病院前外傷教育プログラム)を取得させている。これにより消防などと共通の認識と処置により相互連携が図られることとなる。この日行われていたのは「ログロール」という実技。外傷患者を動かす際、脊椎への配慮をしながら動かす方法だ。救急法検定評価員の訓練は平成23年度から行われ、救急法指導員の育成と隊員の救急処置能力の向上に努めている。

アンテナ展張、有線構成

第13通信隊

アンテナ展張、有線構成ともに、屋外に通信網を構築する方法だ。アンテナ展張の訓練では3カ所で、それぞれ一人の隊員が時間を計測しながら器材を展開。「落ち着けよ!」「○○に負けてるぞ!」「確実にな!」などとハッパをかけられつつ、ものすごい速さでアンテナをスルスル伸ばしていた。

有線構成は無線機が使用できない状況や、故障した際の通信方法。立木などを利用して有線通信経路を構成する。いずれも実戦では過酷な状況が想定され、かなりの肉体労働である。

汚染地域偵察

第13特殊武器防護隊

特殊武器防護隊は放射性物質や生物・化学（NBC）などの特殊な武器での攻撃などに対しての防護を担任。被害状況の偵察、判別などの分析、汚染を無害化する除染を行う部隊だ。

訓練では気密性・防護性を高めた化学防護車により放射性物質や生物・化学剤に汚染された地域を偵察。その後を除染車が汚染された地域をくまなく除染していく。隊員は化学防護衣や防護マスクを装備し、小銃も携行するなど重装備で任務に当たる。

隊員食堂

営内生活者は隊員食堂で食事することができる。自衛官は体が資本なため、一日の食事のカロリーは約3,300kcal。一般の成人男性の必要摂取カロリーが2,500kcal前後なのでかなり高めの設定である。ご飯は好きなだけよそえ、ふりかけなどのご飯のお供も充実している。

陸曹候補生試験準備訓練指導法

第312基地通信中隊

陸士が陸曹になるための試験に備えた訓練。陸士は任期制のため、一般的に言えば契約社員から正社員になるための試験にあたる。このときの訓練は分隊教練に模した指揮。分隊の隊員を思い通りに動かさなくてはならない。

災害派遣

第46普通科連隊

「平成26年8月豪雨による広島市の土砂災害」

2014（平成26）年8月20日、広島県広島市安佐北区や安佐南区において大規模な土砂災害が発生。同日06時30分、広島県知事から陸上自衛隊第13旅団長に対し、人命救助に関わる災害派遣要請があった。これを受けて第13旅団は人命救助や行方不明者捜索を実施。9月11日の撤収要請までの派遣規模は、人員のべ約14,970名、車両のべ約3,240両、航空機のべ66機となった。（写真提供：海田市駐屯地）

百万一心

「百万一心」とは、毛利元就が郡山城の築城の際に、人柱に代えて鎮めた大石に刻まれたものといわれている。「一日一力一心」と読めるように書かれており、「百［一日］日を同じうし、万［一力］力を同じうし、［一心］心を同じうして事にあたる（一日一日を、一人一人が力を合わせて、心を一つに協同一致して事を行う）」ことを教えている。

第13旅団は、団結して任務を遂行する「百万一心」の訓えを伝承。駐屯地には石碑が建てられている。

外洋展開能力をより高めるため各種艦艇は大型化

海洋国家である日本の海上戦力は、戦前の旧帝国海軍から現在の海上自衛隊にいたるまで、外洋海軍としての能力を有している。外洋海軍（blue water navy）とは、対潜、対水上、対空戦の能力を備え、世界各海域で寄港することなく単独作戦行動が長期間にわたって展開できる海軍を指す。海上自衛隊でそれを担うのが護衛隊群で、戦術単位はDDHを中心とした4隻とDDGを中心とした4隻の計8隻。それを補給艦や輸送艦が支援する。

搭載ヘリコプターは、以前は8機が定数だったが、全通甲板の「ひゅうが」型や「いずも」型の就役で運用能力は大幅に向上している。近年は国際平和協力活動の増加・長期化により、「ひゅうが」型や「いずも」型、補給艦の「ましゅう」型など艦艇を大型化し、物資や人員の輸送力を向上。これらの能力は災害派遣でも発揮されている。

弾道ミサイル防衛では、イー

ジス艦搭載のスタンダード・ミサイルSM－3がその一翼を担う。現在はイージス護衛艦6隻のうち4隻に搭載し、各護衛隊群に配備。残る2隻への搭載も進められ、新たにイージス艦2隻を建造することも決まっている。

戦力として死活的に重要な潜水艦は長らく16隻体制を維持してきたが、尖閣諸島をはじめとする南西諸島の防衛を強化するため6隻増やし、2021年までに22隻体制にする計画だ。潜水艦も、従来型より長期間潜行が可能な「そうりゅう」型を12隻配備する。

固定翼哨戒機はP－3Cの80機体制だったが、新たにP－1を開発。将来的に機数は減勢が見込まれるが、能力の向上によりそれを補完するとされている。

もうひとつ重要なのは、米海軍第7艦隊との関係である。海自の運用は日米安保条約に基づいて、パワープロジェクションを担う米海軍が「矛」、攻撃型兵器を持たない海自が防勢作戦の「盾」という関係にあるため、海自の戦力は米海軍との相互運用性も重視されている。

第2章 海上自衛隊の装備

EQUIPMENT OF JAPAN MARITIME SELF-DEFENSE FORCE

ー搭載護衛艦「いずも」型

DDH "IZUMO" CLASS HELICOPTER DESTROYER

新しい運用思想から生まれた洋上基地

ヘリコプター搭載護衛艦（DDH）は、1973年に護衛隊群の司令部機能を持つ航空機運用中枢艦として就役。水上艦としては対潜水艦掃討に重点を置き、複数の哨戒ヘリコプターにより洋上監視能力を高め、領海侵犯する艦船や隠密行動をとる潜水艦に対処する駆逐艦的な役割を担ってきた。

DDHは初代の「はるな」型、発展拡大した次級の「しらね」型ともに哨戒ヘリを3機搭載し、当時から世界でも有数の航空機運用能力を持つ艦として知られてきた。次級の「ひゅうが」型も基本的にはその延長線上にある。

「いずも」型は「ひゅうが」型と外観こそ似ているものの、まったく新しい運用思想から生まれた艦だ。全長は248m、基準排水量1万9500tと海自最大を誇り、ヘリの運用能力も同時発着艦可能数が5機、艦載数が14機と大幅に向上。全通甲板（第1甲板）は、ほぼ全域がヘリ甲板になっている。エレベーターは前部がインボード式、後部がデッキサイド式。

戦闘指揮システムはC4Iを搭載し、戦闘指揮所（CIC）と旗艦用司令部作戦室（FIC）のほか、統合任務部隊司令部も設置できる。そのほかにも輸送や補給、医療システムによる輸送艦・支援艦としての機能を持つ。

一方、兵装は最低限の自衛火器しか搭載されていない。多機能レーダーやソナーは簡略化され、防空は近接防空用のSeaRAMと高性能20㎜機関砲CIWSの2種類、対潜はソフトキル用の投射型静止式ジャマーと自走式デコイのみで、護衛艦に標準装備されている短魚雷発射管すら持たない。これは単艦では運用せず、護衛艦を伴った艦隊として運用することを前提としているためだ。つまり「いずも」型は洋上に浮かぶ司令部であり、前線基地というのがその役割だと言える。

「いずも」は第1護衛隊群第1護衛隊に所属し、定係港は横須賀基地。2番艦の「かが」の就役も決まっている。

SPEC

基準排水量	19,500t
全長	248m
全幅	38m
深さ	23.5m
喫水	7.5m
主機械	ガスタービン4基2軸
出力	112,000ps
速力	30kt
乗員	約520名
主要兵装	高性能20mm機関砲(CIWS)×2、対艦ミサイル防御装置×2、魚雷防御装置一式、対水空レーダー×1、対水上レーダー×1、水上艦用ソーナーシステム×1、EW装置一式、情報処理装置一式
艦載機	哨戒ヘリコプター×7、掃海・輸送ヘリコプター×2
輸送・補給能力等	貨油×3300kL、3.5tトラック×約50両、車両用サイドランプ

ヘリコプタ

【写真左】上甲板(第1甲板)は長さ245m×幅38mの広さがあるヘリコプター甲板。ヘリコプターの発着スポットが5ヶ所あり、艦橋右舷側にもさらに1つのスポットが設けてある。【写真中】上部構造物を右舷側に寄せて設置した「アイランド方式」を採用。【写真右】護衛艦を伴った艦隊としての運用を前提としているため、兵装は最低限の自衛火器のみ。洋上に浮かぶ司令塔として機能する。

ヘリコプター搭載護衛艦「ひゅうが」型

DDH "HYUGA" CLASS HELICOPTER DESTROYER

全通甲板を備え、ヘリを最大11機まで運用可能

「ひゅうが」型護衛艦の「いせ」。艦首から艦尾まで通じた全通甲板を採用。同時に3機のヘリコプターを運用することができる。

上部構造物はステルス性を考慮して設計されている。

「ひゅうが」型護衛艦の甲板。その広さがよくわかる。

アメリカ軍との合同演習で「いせ」に着艦するオスプレイ。

「ひゅうが」型は対水上監視用ヘリを対潜戦用ヘリとは別に搭載し、対潜・対水上戦能力を向上すること、国際平和協力活動、災害派遣では洋上拠点とすることを目的に開発。艦首から艦尾まで通じた全通甲板を採用することで搭載ヘリは同時に3機運用可能となり、基準排水量は前級の「しらね」型の3倍近い1万3950tとなった。戦闘指揮システムはC4Iを搭載し、旗艦用司令部作戦室も設置。また対潜・対空ミサイルを発射できる垂直発射装置（VLS）も備え、個艦防衛機能も重視されている。同型艦は「ひゅうが」（第3護衛隊群第3護衛隊所属、舞鶴基地）と「いせ」（第4護衛隊群第4護衛隊所属、呉基地）。

SPEC

◎基準排水量:13,950t ◎全長:197m ◎全幅:33m ◎深さ:22m ◎喫水:7m ◎主機械:ガスタービン4基2軸 ◎出力:100,000ps ◎速力30kt ◎乗員:約380名 ◎主要兵装:高性能20mm機関砲(CIWS)×2、VLS装置一式、3連装魚雷発射管×2 ◎艦載機:哨戒ヘリコプター×3、掃海・輸送ヘリコプター×1

ミサイル護衛艦「こんごう」型

DDG"KONGO"CLASS GUIDED MISSILE DESTROYER

艦隊防空から弾道ミサイル迎撃まで役割が拡大

「こんごう」型護衛艦の3番艦「みょうこう」。対潜水艦戦闘に特化する自衛隊にとって「こんごう」型護衛艦は初の本格的な艦対防空能力を有する艦だ。

弾道弾迎撃ミサイルSM-3の発射実験。

船尾甲板にはヘリコプター甲板が設けられている。

艦載多機能レーダーAN/SPY-1を装備。本格的な艦隊防空能力を有する。

ミサイル護衛艦は、対空および艦隊防空がその役割。初代の「あまつかぜ」、「たちかぜ」型、「はたかぜ」型に続いて就役したのがイージス護衛艦の「こんごう」型だ。 イージスシステムとは米海軍によって開発された情報処理・武器システム。数百キロ圏内を高性能レーダーにより索敵し、敵を発見・識別して10以上の目標に同時に対処可能な能力を持つとされており、現在はSM-3を搭載して弾道ミサイル防衛（BMD）も担う。

同型艦は「こんごう」「きりしま」「みょうこう」「ちょうかい」の4隻。4個護衛隊群のDDGを中心としたグループに1隻ずつ配備し、艦隊防空の要となっている。

SPEC

◎基準排水量:7,250t ◎全長:161m ◎全幅:21m ◎深さ:12m ◎喫水:6.2m ◎主機械:ガスタービン4基2軸 ◎出力:100,000ps ◎速力:30kt ◎乗員:約300名 ◎主要兵装:イージス装置一式、VLS装置一式、高性能20mm機関砲(CIWS)×2、SSM装置一式、54口径127mm速射砲×1、3連装短魚雷発射管×2、電波探知妨害装置一式、対潜情報処理装置一式

【上写真】前甲板に64セル、後甲板に32セルの垂直発射装置(VLS)を備える。【下写真】「こんごう」型のレーダーに改良を加えたAN/SPY-1D(V)を搭載。目標に対する捜索追尾能力や目標捕捉能力が大幅に改善したとされている。

ミサイル護衛艦「あたご」型

DDG"ATAGO"CLASS GUIDED MISSILE DESTROYER

ヘリ格納庫を設置して ステルス性も向上

「あたご」型は「こんごう」型をベースにヘリコプター格納庫を設置。これにより「こんごう」型より一回り大きな船体となった。外観では、を平面構成で後方への傾斜した塔型マストを採用するなどステルス性を考慮している。

イージスシステムは最新のベースライン7.1J。ミサイル装備は垂直発射装置（VLS）で、配置は前甲板に64セル、後甲板に32セルとなっている。対潜兵装はVLSから発射されるアスロックと3連装短魚雷発射管、対水上兵装は90式艦対艦誘導弾、主砲はアメリカ海軍が標準装備するMk.45 Mod 62口径5インチ単装砲を搭載。これはイージスシステムに統合されており、GPS誘導砲弾も射撃可能だ。

艦内には戦闘指揮所（CIC）のほか、旗艦用司令部作戦室（FIC）も設置されており、指揮統制能力を高めている。なお弾道ミサイルに対しては、建造時から索敵・追尾能力は付与されていたものの迎撃能力は持っていないため、現在発射できる艦対空ミサイルはSM-2。今後は弾道弾迎撃ミサイル発射能力を付与されることが決まっている。

同型艦は「あたご」（第3護衛隊群第3護衛隊所属、定係港は舞鶴基地）と「あしがら」（第2護衛隊群第2護衛隊所属、定係港は呉基地）の2隻で建造はいったん終了したが、その後イージス艦の増強を決定し、さらに2隻が追加建造される予定。

第2護衛艦隊群第2護衛隊に所属する「あたご」型護衛艦「あしがら」を側面後方から写した写真。甲板後部にヘリコプター格納庫が設けられているのがわかる。

SPEC

基準排水量	7,750t
全長	165m
全幅	21m
深さ	12m
喫水	6.2m
主機械	ガスタービン4基2軸
出力	100,000ps
速力	30kt
乗員	約310名
主要兵装	イージス装置一式、VLS装置一式、高性能20mm機関砲(CIWS)×2、SSM装置一式、62口径5インチ砲×1、3連装短魚雷発射管×2

ESSMを搭載し艦隊防空能力を強化

【左写真】上部構造物を舷側まで拡大することでステルス性を獲得。対空高性能レーダーのほか、マストには対水上捜索レーダーも搭載している。【右写真】船尾に設けられたヘリコプター格納庫。従来よりも拡張され、哨戒ヘリ2機、または掃海ヘリ・輸送ヘリの運用が可能になった。

汎用護衛艦は対潜・対艦・対空・哨戒ヘリコプター搭載というバランスの良い戦力を持つため、艦隊の中核を担う基準構成艦(ワークホース)という位置付けだ。初代の「はつゆき」型から、「あさぎり」型、「むらさめ」型、「たかなみ」型、そして「あきづき」型まで順次その能力を高めてきた。

最新鋭の「あきづき」型は、対潜・対水上・個艦防衛能力に加え、低空防御による艦隊防空能力を備えた艦として計画された。これはイージス艦が弾道ミサイル防衛に専念する際に生じる防空の隙を補完するのが目的だ。

船体は塔型の新型マストと平面固定型の対空レーダーを採用し、上部構造物を舷側まで拡大するなどステルス性能が向上。対空戦はFCS-3A(高性能レーダー・高性能射撃指揮システムの総称)を中核とする新しい対空戦システムを搭載。ESSM(発展型シースパロー)の組み合わせにより、従来に比べ高い対空戦闘能力が与えられた。対潜兵装は垂直発射式アスロック対潜ミサイルを装備し、2番艦以降は新型の07式垂直発射魚雷投射ロケットに更新されている。そのほかに投射型静止式ジャマーと自走式デコイも装備。対水上戦兵装は90式艦対艦誘導弾である。

「あきづき」型はネームシップの「あきづき」に続き、「てるづき」、「すずつき」、「ふゆづき」と建造され、4個護衛隊群のDDGを中心とするグループに1隻ずつ配備されている。

汎用護衛艦「あきづき」型

DD"AKIZUKI"CLASS DESTROYER

SPEC

基準排水量	5,050t
全長	151m
全幅	18.3m
深さ	10.9m
喫水	5.4m
主機械	ガスタービン4基2軸
出力	64,000ps
速力	30kt
乗員	約200名
主要兵装	高性能20mm機関砲(CIWS) ×2、VLS装置一式、62口径5インチ砲×1、3連装短魚雷発射管×2、SSM装置一式
艦載機	哨戒ヘリコプター×1

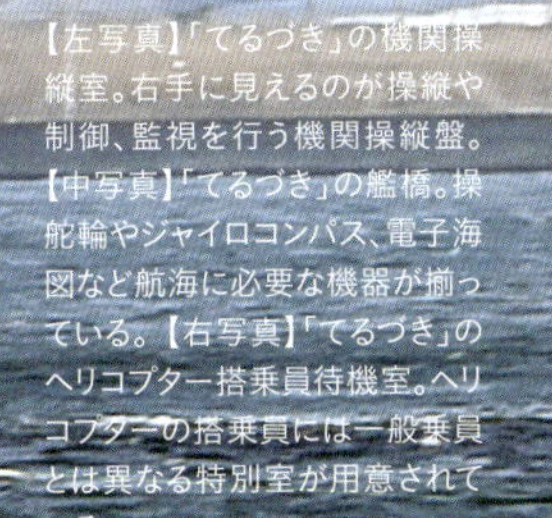

【左写真】「てるづき」の機関操縦室。右手に見えるのが操縦や制御、監視を行う機関操縦盤。【中写真】「てるづき」の艦橋。操舵輪やジャイロコンパス、電子海図など航海に必要な機器が揃っている。【右写真】「てるづき」のヘリコプター搭乗員待機室。ヘリコプターの搭乗員には一般乗員とは異なる特別室が用意されている。

汎用護衛艦「たかなみ」型

DD"TAKANAMI"CLASS DESTROYER

ポスト冷戦時代に建造された「むらさめ」型護衛艦の拡大改良版。従来の対潜戦重視の設計に加えて、対空・対水上艦戦闘能力も強化した。(写真は「たかなみ」型護衛艦「おおなみ」)

バランスのとれた戦力で艦隊の中心となる

前級の「むらさめ」型護衛艦を改良し、兵装を一新。艦橋前方に搭載された垂直発射装置（VLS）に対潜ミサイルアスロックと対空ミサイルESSMを搭載し、主砲は127㎜速射砲へ換装。対艦ミサイルは90式艦対艦誘導弾を備える。またヘリ格納庫も大型化され、DDとしては初めて2機の運用が可能となった。

同型艦は5隻。「たかなみ」と「おおなみ」は第2護衛隊群第6護衛隊（定係港は横須賀基地）、「まきなみ」と「すずなみ」は第3護衛隊群第3護衛隊（定係港は大湊基地）、「さざなみ」は第4護衛隊群第4護衛隊（定係港は呉基地）に配備されている。

SPEC

◎基準排水量:4,650t ◎全長:151m ◎全幅:17.4m ◎深さ:10.9m ◎喫水:5.3m ◎主機械:ガスタービン4基2軸 ◎出力:60,000ps ◎速力:30kt ◎乗員:約175名 ◎主要兵装:高性能20mm機関砲(CIWS)×2、54口径127mm速射砲×1、VLS装置一式、3連装短魚雷発射管×2、SSM装置一式 ◎艦載機:哨戒ヘリコプター×1

小型護衛艦「あぶくま」型

DE"ABUKUMA"CLASS DESTROYER ESCORT

「DE」は「小型護衛艦」の意味。バランスのとれた戦闘能力を有しており、沿岸警備を主な任務として地方隊に配備されている。

日本近海の警備に従事する小型護衛艦

地方隊に所属し、沿岸警備を目的とした小型の護衛艦。そのため兵装は76㎜速射砲と高性能20㎜機関砲、対潜はアスロック、対艦はハープーンとバランスはとれているものの、さほど強力ではない。艦橋前方にRAM近接防空ミサイルの搭載スペースが確保され、後日装備とされてきたが、結局搭載は見送られたようだ。「あぶくま」型以降、DEの建造はなく、現在はまったく新しいDEの検討が始まっている。

同型艦は「あぶくま」、「じんつう」、「おおよど」、「せんだい」、「ちくま」、「とね」の6隻。佐世保地方隊に1隻、大湊地方隊に2隻、呉地方隊に3隻配備されている。

SPEC

◎基準排水量:2,000t ◎全長:109m ◎全幅:13.4m ◎深さ:7.8m ◎喫水:3.8m ◎主機械:ガスタービン2基、ディーゼル2基2軸 ◎出力:27,000ps ◎速力:27kt ◎乗員:約120名 ◎主要兵装:高性能20mm機関砲(CIWS)×1、62口径76mm速射砲×1、SSM装置一式、アスロック装置一式、3連装短魚雷発射管×2

補給艦「ましゅう」型

AOE"MASYUU"CLASS FAST COMBAT SUPPORT SHIP

外洋での補給能力を高めるため大型化

洋上において他の艦艇への燃料や物資の補給を行う補給艦「ましゅう」。液体燃料用や固形物資用など、6つの補給ステーションを持つ。

「ましゅう」型補給艦は「いずも」型護衛艦に次ぐ巨大な船体を誇る。

洋上補給を行う「ましゅう」型補給艦「おうみ」。

「ましゅう」型補給艦から補給を受けるアメリカ海軍の強襲揚陸艦「イオー・ジマ」。

補給艦は現在「とわだ」型と「ましゅう」型の2種類。「ましゅう」型は近年増加した海外派遣で「とわだ」型の能力不足が指摘されたために建造。護衛艦の大型化や外洋での長期行動などによる燃料と搭載ヘリ用の航空燃料、弾薬、糧食などの増大に対応するため、全長は221m、基準排水量は1万3500tと大型化。後部飛行甲板では大型輸送ヘリの離発着も可能だ。また46床の入院設備、手術室やICUなど高度な医療能力を備え、病院船機能も併せ持つ。

補給艦は各護衛隊群に1隻ずつ割り当てられており、「ましゅう」型は「ましゅう」が舞鶴基地、「おうみ」が佐世保基地に定係されている。

SPEC

◎基準排水量:13,500t ◎全長:221m ◎全幅:27m ◎深さ:18m ◎喫水:8.0m ◎主機械:ガスタービン2基2軸 ◎出力:40,000ps ◎速力:24kt ◎乗員:約145名 ◎特殊装置:洋上補給装置一式、補給品艦内移送装置一式

輸送艦「おおすみ」型

LST"OSUMI"CLASS TANK LANDING SHIP

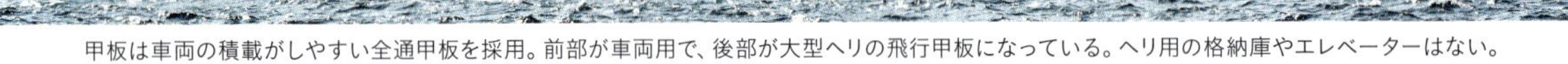

甲板は車両の積載がしやすい全通甲板を採用。前部が車両用で、後部が大型ヘリの飛行甲板になっている。ヘリ用の格納庫やエレベーターはない。

国際活動や災害派遣など多方面で活躍

「おおすみ」型は、艦尾にドック式格納庫（ウエルドック）を備え、エアクッション艇を運用する輸送揚陸艦。左舷の大型のサイドランプから陸自の90式戦車などの車両が出入りでき、1個普通科中隊規模の人員と装備を搭載可能だ。艦内には医療設備も充実しており、活動は災害時などの被災者支援、海外派遣など多岐にわたる。現在は陸自に導入予定の水陸両用車輸送への改修も計画されている。

同型艦は「おおすみ」、「しもきた」、「くにさき」の3隻で、全艦が呉基地の第1輸送隊に集中配備されている。

SPEC

◎基準排水量:8,900t ◎全長:178m ◎全幅:25.8m ◎深さ:17m ◎喫水:6m ◎主機械:ディーゼル2基2軸 ◎出力:26,000ps ◎速力:22kt ◎乗員:約135名 ◎主要兵装:高性能20mm機関砲（CIWS）×2 ◎特殊装置:エアクッション艇×2

エアクッション艇

"LCAC" LANDING CRAFT AIR CUSHION

海上を高速で航行し、上陸後も陸地をそのまま走行できる水陸両用ホバークラフト。海上自衛隊のほか、米海軍でも運用。

海に陸に活躍 水陸両用ホバーボート

「おおすみ」型輸送艦に2艇ずつ搭載されるホバークラフト構造のエアクッション型揚陸艇。英文の頭文字「LCAC」から"エルキャック"と呼ばれる。

艦内のウェルドックに縦列に2艇格納。物資積載場所は艇体中央で、艦内の全通構造により車両などは自走でLCACに乗り込む。積載能力は約50t、最大50ktの速力を誇り、揚陸は直接砂浜に乗り上げるビーチングにより行う。東日本大震災では小さく狭い海岸にビーチングして救援物資や車両を陸揚げして、その能力を発揮している。

SPEC

◎排水量:85t ◎全長:約24m ◎全幅:約13m ◎主機械:ガスタービン4基2軸 ◎出力:15,500ps ◎速力:約40kt ◎乗員:約5名 ◎積載能力:約50t（90式戦車1両または人員約30名）

掃海艇「えのしま」型

MSC"ENOSHIMA"CLASS MINESWEEPER COASTAL

海自の掃海艇初となるFRP（強化プラスチック）製の掃海艇。FRP製の船体は木造船体に比べて耐久度や燃費が向上するとされる。

掃海艦艇で海自初のFRP製船体を採用

掃海艦艇は掃海艇、掃海艦、掃海管制艇の3種類あり、主力が掃海艇、深深度が掃海艦、浅海面が掃海管制艇の役割だ。掃海艦艇の船体は感応機雷の触雷を防ぐために木造だったが、この「えのしま」型ではは海自初のFRP製船体を採用している。装備は掃海艦艇を追尾して接近・爆発するホーミング機雷に対抗するため、新型の水中航走式機雷掃討具S－10を中心とした対機雷戦システムを搭載。

同型艦は「えのしま」、「ちちじま」、「はつしま」の3艇で、すべて横須賀地方隊第41掃海隊に配備されている。

SPEC

◎基準排水量:570t ◎全長:60m ◎全幅:10.1m ◎深さ:4.5m ◎喫水:2.4m ◎主機械:ディーゼル2基2軸 ◎出力:2,200ps ◎速力:14kt ◎乗員:約45名 ◎主要兵装:20mm機関砲×1、掃海装置一式

掃海母艦「うらが」型

MST "URAGA" CLASS MINESWEEPER TENDER

掃海母艦と機雷敷設艦の機能を併せ持つ。同型艦「ぶんご」は東日本大震災に出動し、被災者支援の母艦として活躍した。

掃海隊群の母艦機能に加え機雷敷設も兼務

掃海母艦「うらが」型は、掃海母艦に機雷敷設機能を備えた艦として建造。掃海部隊の指揮管制と掃海ヘリの掃海作業支援、掃海艦艇・掃海ヘリに対する燃料・糧食・真水・部品などの補給に当たる。機雷敷設は機雷敷設装置を備え、敷設作業を省力化・機力化。また潜水病治療用の減圧室などをはじめとする高度な医療施設を備え、物資搭載力も高いため、災害派遣でも常に大きな戦力となっている。

同型艦は掃海隊群直轄艦艇として「うらが」が横須賀基地、「ぶんご」が呉基地に配備されている。

SPEC

◎基準排水量:5,650t ◎全長:141m ◎全幅:22m ◎深さ:14m ◎喫水:5.4m ◎主機械:ディーゼル2基2軸 ◎出力:19,500ps ◎速力:22kt ◎乗員:約160名 ◎主要兵装:機雷敷設装置一式

潜水艦「そうりゅう」型

SS "SORYU" CLASS SUBMARINE

海上自衛隊の最新型潜水艦「そうりゅう」。潜行中でも発電可能なエンジンを搭載したことで、潜行能力が大幅に向上した。

人工衛星でも探知不能な最強ステルス兵器

最新型の潜水艦「そうりゅう」型は、潜航中でも発電可能な非大気依存推進(AIP)のスターリングエンジンを初めて搭載し、潜行時間が大幅に向上。船体は部分単殻構造・葉巻型で、艦尾舵は従来の十字型からX型に変更して機動性を高めている。また同艦から高度なネットワークシステムが装備され、情報管理を共通化。

同型艦は平成32年度までに12番艦まで建造が予定されており、第1潜水隊群(呉基地)と第2潜水隊群(横須賀基地)に配備。

SPEC

◎基準排水量:2,950t ◎全長:84m ◎全幅:9.1m ◎深さ:10.3m ◎喫水:8.5m ◎主機械:ディーゼル2基、スターリング機関4基、推進電動機1基 ◎出力:8,000ps ◎速力:水上12kt、水中20kt ◎乗員:約65名 ◎主要兵装:水中発射管一式、シュノーケル装置

潜水艦救難母艦「ちよだ」型

AS"CHIYODA"CLASS SUBMARINE RESCUE TENDER

沈没した潜水艦を救援するために建造された「ちよだ」。深海救難艇など乗員救命のための様々な機器が装備されている。

遭難潜水艦から乗員を救出

潜水艦救難母艦は、潜水艦が沈没した際に乗員を救助することが任務。そのため捜索用に遠隔操作の無人潜水装置(ROV)、1回の潜航で12名の乗員を救出できる深海救難艇(DSRV)を搭載し、潜水艦に接舷して閉じ込められた乗員を救出する。また深海の潜水作業を支援する深海潜水装置(DDS)も装備。洋上における潜水艦救難母艦機能も充実しており、補給のほか、潜水艦1隻分の乗員80名の宿泊施設も備わっている。

同型艦はなく、「ちよだ」は第2潜水隊群直轄艦として横須賀に配備。なお第2潜水隊群(呉基地)には潜水艦救難艦「ちはや」が配備されている。

SPEC

◎基準排水量:3,650t ◎全長:113m ◎全幅:17.6m ◎深さ:8.5m ◎喫水:4.6m ◎主機械:ディーゼル2基2軸 ◎出力:11,500ps ◎速力:17kt ◎乗員:約120名 ◎特殊装置:深海潜水装置一式、深海救難艇(DSRV)×1

不審船対策から生まれた高速艇

ミサイル艇「はやぶさ」型

PG"HAYABUSA"CLASS GUIDED MISSILE PATROL BOAT

ステルス性に配慮した設計で、レーダーを直接反射しないよう船体に傾斜が付けられている。（写真はミサイル艇「はやぶさ」型「くまたか」）。

対艦ミサイルSSM-1Bを発射する「はやぶさ」型ミサイル艇。

62口径76mm単装速射砲や対艦ミサイル発射装置を備える。

フレアを発射する「はやぶさ」型ミサイル艇。

課題の多かった全没型水中翼艇の前級ミサイル艇に代わって登場。速力は強力なウォータージェット推進3基により最大44kt、排水量は耐航性向上のため200tと大型化され、アルミ合金を多用した軽構造船殻となっている。不審船対処能力としては前甲板に76㎜速射砲、後部に90式艦対艦誘導弾などを装備。対水上レーダー、航海用レーダーも各1基搭載されている。CIC（戦闘指揮所）を備え、情報処理能力も高い。

同型艦は「はやぶさ」と「うみたか」が日本海側の第2ミサイル艇隊（舞鶴基地）、「わかたか」と「くまたか」が北の第1ミサイル艇隊（大湊基地）、「おおたか」と「しらたか」が西の第3ミサイル艇隊（佐世保基地）に配備。

SPEC

◎基準排水量:200t ◎全長:50m ◎全幅:8.4m ◎深さ:4.2m ◎喫水:1.7m ◎主機械:ガスタービン3基3軸 ◎出力:16,200ps ◎速力:44kt ◎乗員:約21名 ◎主要兵装:62口径76mm速射砲×1、艦対艦ミサイルシステム一式

基本形は8セルで1モジュールとなり、16セル、32セル、64セルなどがある。

垂直発射装置

VERTICAL LAUNCHING SYSTEM

幅広いミサイルの運用が可能

垂直発射装置（VLS）は兵器そのものではなく、ミサイルの発射システム。弾薬庫と発射機を兼ねるケース（セル）で構成され、保管状態から直接、垂直方向に発射。各種ミサイルを混載できるので運用しやすく、従来の発射機が甲板上に露出していたのに比べて耐候性に優れている。またステルス性向上などのメリットもある。海自艦艇で主に採用しているのはMk41というタイプで、「こんごう」、「むらさめ」、「たかなみ」、「あたご」、「ひゅうが」、「あきづき」といった艦種に搭載。

艦対空ミサイル SM-3

STANDARD MISSILE-3

成層圏を飛翔し弾道ミサイルを撃破

艦隊防空における弾道ミサイル防衛（BMD）の中核を担う兵器。イージス艦の垂直発射装置から発射。レーダーが目標を探索し、イージスシステムが計算処理を行う。最終的にはキネティック弾頭のセンサーが目標の最も脆弱な箇所を探知し、弾頭にある複数の噴射口からガスを噴射して目標に誘導され、破壊する。現在「こんごう」型4隻がSM-3を搭載しており、「あたご」型も順次SM-3に換装する予定。

成層圏を飛び、弾道ミサイルを迎撃する弾道ミサイル防衛の中核兵器。

艦対空ミサイル ESSM

EVOLVED SEA SPARROW MISSILE

同時多目的対処能力を備えた対空ミサイル

日本では発展型シースパローと呼ばれる。発射プラットホームは垂直発射装置で、ロケットモーターで発射後、推進薬により推力を増加し加速。誘導方式は、中間は慣性航法とデータリンク、終端はセミアクティブ・レーダー・ホーミング。従来のシースパローより射程が伸び、同時多目的対処能力が向上したことで限定的ながら艦隊防空能力も得ている。「むらさめ」型、「たかなみ」型、「ひゅうが」型、「あきづき」型に搭載。

SPEC

◎ミサイル直径:0.25m ◎ミサイル全長:3.8m ◎ミサイル全幅:0.64m ◎ミサイル重量:300kg ◎弾頭:指向性爆風・破片炸薬 41kg ◎射程:30~50 km ◎誘導方式:慣性航法+データリンク（中間誘導）、セミアクティブ・レーダー・ホーミング（終末誘導）

米艦艇搭載のESSM。海自艦艇はVLSから発射される。

90式艦対艦誘導弾 SSM-1B

TYPE 90 SURFACE-TO-SURFACE MISSILE-1B

初の国産艦対艦誘導弾

ハープーンと同等の性能を持つ初の国産艦対艦誘導弾。2連装もしくは4連装のランチャー（発射筒）に入れられた状態で装備される。発射後はブースターで初期加速し、それを切り離してシースキミング式で巡航。中間誘導は慣性航法装置を用い、終端誘導はアクティブ・レーダー・ホーミング。射程は100km以上と推定される。「むらさめ」型以降の護衛艦（最大8発）、「はやぶさ」型ミサイル艇（最大4発）に搭載。

SPEC

◎全長:約5.1m ◎直径:約35cm ◎重量:約660kg ◎射程:約100km以上（推定） ◎誘導方式:慣性誘導・電子高度計+アクティブ・レーダー・ホーミング

陸上自衛隊の88式地対艦誘導弾（SSM-1）の艦載型に改良。優れた命中率を誇る。

艦対艦誘導弾 ハープーン

SURFACE-TO-SURFACE MISSILE HARPOON

世界30カ国以上の艦船に搭載

固体燃料ロケットエンジンで発射後、ターボジェット・サステナーによる飛行に切り替わる。誘導は敵艦の位置情報などを入力し慣性誘導で飛翔、終端誘導はミサイル本体が目標にレーダー波を照射して誘導するアクティブ・レーダー・ホーミングに切り替わる。飛行経路は海面上を低空で巡航し、舷にヒットするシースキミングと、高空から艦橋を攻撃する方法が選択できる（通常はシースキミング）。

SPEC

◎全長:約4.57m ◎直径:約34cm ◎重量:667kg ◎射程:約90km（推定） ◎誘導方式:慣性誘導・電子高度計+アクティブ・レーダー・ホーミング

海自護衛艦は4連装発射筒で、「あさぎり」型、「こんごう」型に搭載。

近接防空ミサイル SeaRAM

SEA ROLLING AIRFRAME MISSILE

自動で目標を捜索し撃破する

直訳すると「海の回転するミサイル」で、その名の通り回転しながら飛んで飛行制御し、シーカーで目標を探索する。最大11発のミサイルを装填でき、ミサイルは発射されると目標が発している電波に向かって飛翔。その後目標に近づくと赤外線カメラで目標を捉え、撃破する。目標の捜索から撃破まではすべて自動。艦の火器管制から独立しているため、防空システムが不能でも機能する。海自艦艇では「いずも」型に初めて搭載された。

SPEC

◎全長:約2.8m ◎直径:12.7cm ◎重量:約75kg ◎弾頭重量:約9kg ◎射程:800〜9,000m（推定） ◎誘導方式:パッシブ・レーダー・ホーミング+赤外線ホーミング

アメリカが開発した近接防空ミサイル。海自の他は米軍や韓国軍などが配備。

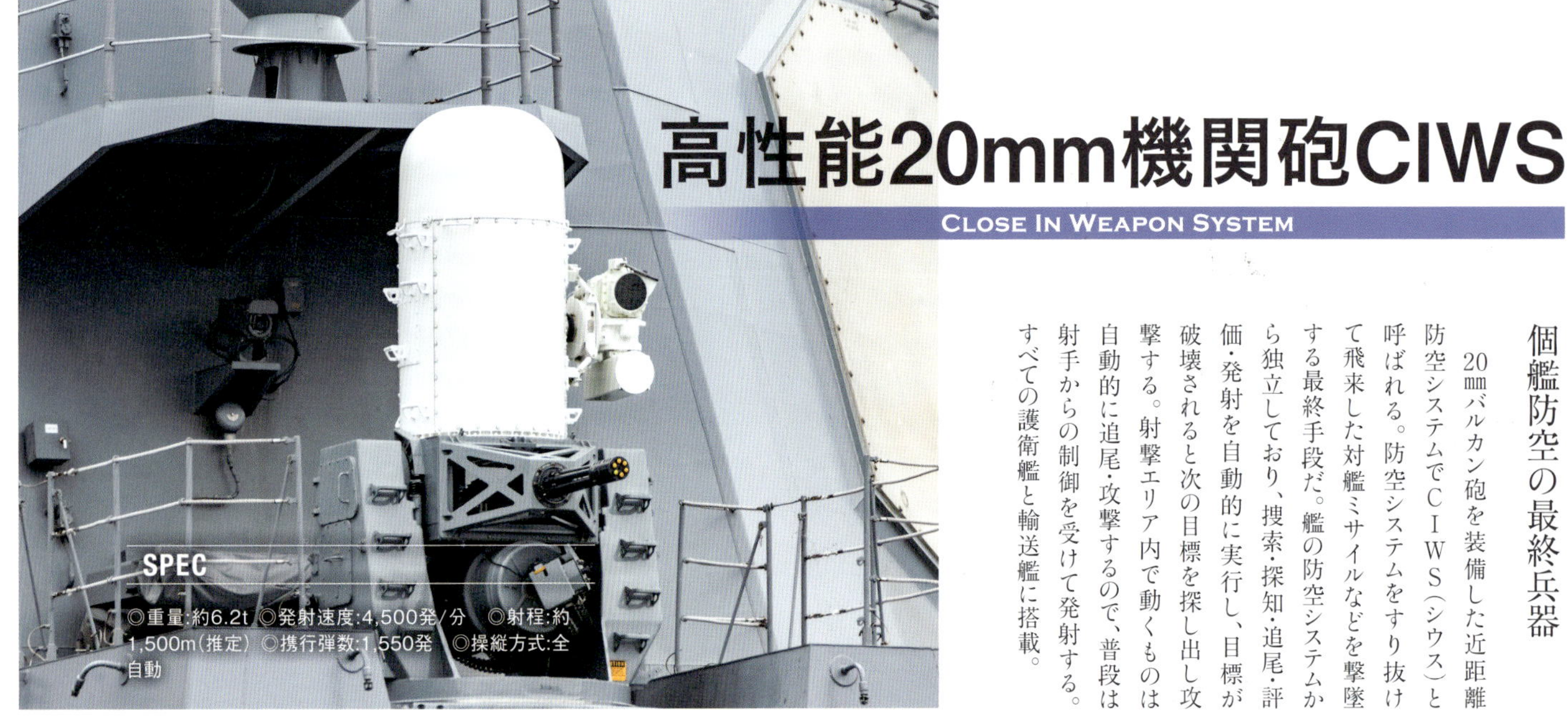

自衛隊では弾丸に「86式20mm機関砲用徹甲弾薬包」というタングステン弾を使用。

高性能20mm機関砲CIWS

CLOSE IN WEAPON SYSTEM

個艦防空の最終兵器

20㎜バルカン砲を装備した近距離防空システムでCIWS（シウス）と呼ばれる。防空システムをすり抜けて飛来した対艦ミサイルなどを撃墜する最終手段だ。艦の防空システムから独立しており、捜索・探知・追尾・評価・発射を自動的に実行し、目標が破壊されると次の目標を探し出し攻撃する。射撃エリア内で動くものは自動的に追尾・攻撃するので、普段は射手からの制御を受けて発射する。すべての護衛艦と輸送艦に搭載。

62口径5インチ砲

5-INCH MK45 MOD4-CALIBER LIGHTWEIGHT GUN

対地対空射撃にも対応

米海軍の最新型艦載砲で、シールドは傾斜のついたステルス形状になっている。操縦も給弾も完全な自動管制で射撃され、毎分約20発の速さで撃つことができ、射程は約24㎞。敵艦や沿岸への艦砲射撃、対空戦闘などに使われる。「あたご」型、「あきづき」型といった最新艦に搭載。

SPEC
◎重量:約29t ◎発射速度:16～20発 ◎分砲塔人員:無人 ◎操縦方式:全自動電気油圧式 ◎給弾方式:自動 ◎弾丸重量:約32kg

対空戦闘や軍艦や沿岸への艦砲射撃など幅広い用途を想定した最新鋭の艦載砲だ。

54口径127mm 単装速射砲

OTO MELARA 127MM GUN

優れた速射能力と軽量化を実現

イタリアのOTOメラーラ社が開発した艦載砲システム。砲塔内は無人化され、砲塔の直下には3つのマガジンドラムがあり、3種の砲弾を装填することも可能。高速で移動する目標にも対処できるので対空・対水上戦闘、対地攻撃支援など多目的に使用する。「こんごう」型、「たかなみ」型に搭載。

SPEC
◎重量:約38t ◎発射速度:45発/分 ◎砲塔人員:無人 ◎操縦方式:全自動電気油圧式 ◎給弾方式:自動 ◎弾丸重量:約32kg

イタリアのOTOメラーラ社開発の傑作自動砲。海自の他、イタリア軍やドイツ軍などでも採用。

対潜ロケット・アスロック

ANTI SUBMARINE ROCKET

護衛艦「はまぎり」に装備された74式アスロック8連装発射機。

対潜水艦兵器の主力

アスロック(ASROC)とは、Anti Submarine Rocketの略で、ロケットとホーミング魚雷をセットにした対潜水艦兵器。発射されると空中を飛翔して目標海面上空でパラシュートを開いて着水し、水中では目標のスクリュー音を追尾して命中する。海自では以前は8連装ランチャーを採用していたが、「こんごう」型以降の「むらさめ」型、「たかなみ」型、「あたご」型、「ひゅうが」型、「あきづき」型では垂直発射式アスロック、VLA(Vertical Launch ASROC)を運用している。

短魚雷発射管

SURFACE VESSEL TORPEDO TUBES

ほとんどの護衛艦に標準装備

50年以上にわたって各国海軍で使用されている標準的な対潜兵装。3本が俵積み型にまとめられた3連装発射管として両舷に配置されている。空気圧によって魚雷を射出し、電池で水中を航走して目標のスクリュー音を探知、追尾、命中する。「いずも」型を除く海自の全護衛艦に装備されている。

アメリカ海軍が開発。海上自衛隊のほか、世界各国の海軍で使用されている。

魚雷防御装置

TORPEDO COUNTER MEASURES

敵魚雷を音響で欺瞞し、誘引・誤爆

投射型静止式ジャマー(FAJ)と自走式デコイ(MOD)で構成。FAJはランチャーから発射され、約1000m先の海面に浮遊。大音量で敵魚雷の音響センサーに一時的なエラーを起こさせ目標を見失わせる。MODはスクリュー音やエンジン音を発生させて敵魚雷を誘導して誤爆させる。MODは自走するので護衛艦は脅威外に回避行動がとれる。「いずも」型、「あきづき」型に搭載。

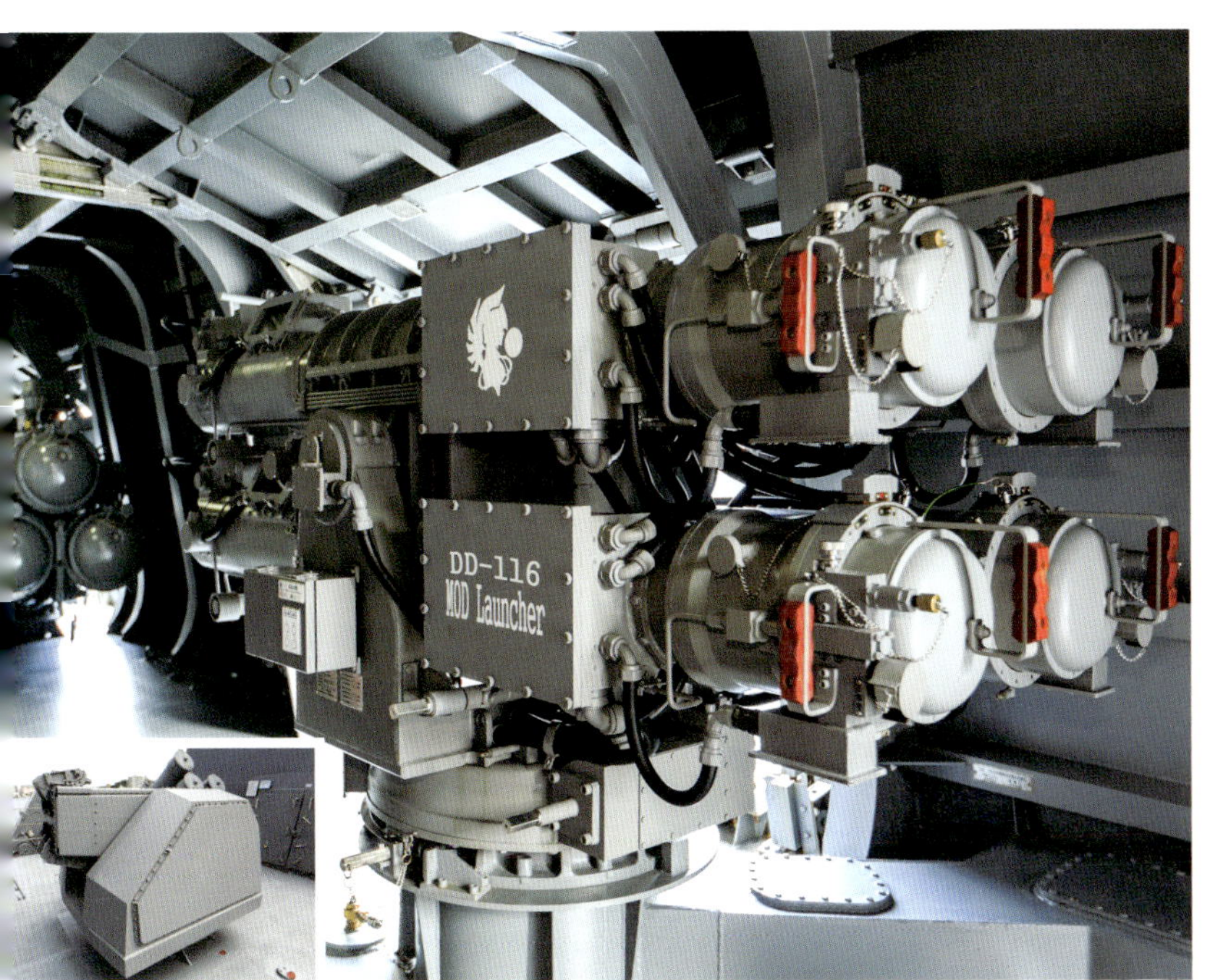

「あきづき」型に搭載されたFAJ(左写真)とMODランチャー。

哨戒機 P-1

MARITIME PATROL AIRCRAFT P-1

国産で新規開発した最新鋭のサブマリンハンター

領海防空の要である固定翼哨戒機は長らく「P－3C」が主力を務めてきた。

「P－1」はP－3Cの後継機として機体、エンジン、任務システムのすべてを国産により新規開発。エンジンはターボファンエンジンを4発搭載し、巡航速度・実用高度・航続距離ともにP－3Cから大幅に向上して作戦行動範囲を拡大。これにより短時間で現場に進出することができ、作戦海域の面積を狭めることができる。操縦システムは世界で初めてフライバイライトを採用して各種アビオニクスの干渉を抑制。戦闘指揮システムは音響・レーダー・磁気等々の膨大な情報を素早く統合・分析し、戦術判断をリコメンドする人工知能というべき能力を持ち、乗員のワークロードを低減している。哨戒機器は潜水艦の静粛化・高速化、さらに不審船事案などへの対処を想定して小型水上目標を捜索・識別するためのレーダーや光学センサー能力を向上。武装は対潜爆弾・魚雷を投下でき、主翼の下にはハードポイント（兵装類を機外搭載するための取付部）があり、最大8基の対艦ミサイルなどの搭載が可能。

P－1は現在厚木基地に配備され、平成26年度から正式運用を開始。今後は全国のP－3C約80機がP－1へ更新されていく予定だ。

【写真左】石川島播磨重工業（現、IHI）が開発した国産のターボファンエンジン「IHI F7」を４基搭載。【写真中】敵ミサイルを欺瞞するフレアを投射したところ 。【写真右】主翼の下には兵器類を機外搭載できるハードポイントが設けてある。

SPEC

全幅	35.4m
全長	38.0m
全高	12.1m
離陸重量	80,000kg
発動機	F7-IHI-10ターボファンエンジン
出力	5,400kg×4基
最大速力	約540kt
航続距離	8,000km
乗員	約11名

哨戒ヘリコプター SH-60K

HELICOPTER ANTI SUBMARINE SH 60K

護衛艦と一体となって任務を遂行

護衛艦の目となり耳となり、水平線外索敵や対潜水艦戦などの任務を行う哨戒ヘリ。「SH-60K」は日本が独自に開発した哨戒ヘリコプターだ。

ベア・トラップ（着艦拘束装置）を使い動揺する飛行甲板に着艦。

飛行性能の向上のためにメインローター先端は複雑な形状をしている。

海上自衛隊のUH-60J救難ヘリコプターとSH-60K。

長らく主力を務めてきた哨戒ヘリ「SH-60J」をベースに対潜戦・対水上戦能力、人員物資輸送・警戒監視などの多用途性、安全性の向上を目指して日本独自に開発。機体を延長し、搭載可能乗員数は12名に増加。さらに高出力のエンジンに換装し、新開発の高性能ローター、自動で着陸進入できる着艦誘導支援装置、戦術情報処理表示装置を装備した。また対潜魚雷以外にも対艦ミサイルなどの搭載が可能になった。調達は現在も続いており、最終的には90機程度の予定。現在は館山、大村、舞鶴、厚木などの航空基地に配備されている。

SPEC

◎全幅:16.4m ◎全長:19.8m ◎全高:5.4m ◎全備重量:10,872kg ◎発動機:T700-IHI-401Cターボシャフトエンジン ◎出力:1,800hp×2基 ◎最大速力:139kt ◎航続距離:800km ◎乗員:4名

航空掃海と輸送を兼務

掃海・輸送ヘリコプター MCH-101

HELICOPTER MINESWEEPING AND CARGO MCH-101

2003年に新型掃海機、輸送機として取得された「MCH-101」。艦載機として運用できるよう、ローターや尾部が折りたためるようになっている。

飛行甲板を有する海上自衛隊のすべての艦艇に着艦することが可能。

アグスタ・ウェストランド社のEH-101多用途ヘリコプターをベースに、日本独自の改修を加えた。

「しらせ」に搭載された同型機CH-101。

現有の掃海・輸送ヘリ、MH-53E減勢にともなう後継機として採用。自衛隊では珍しい欧州製の機体がベースになっている。掃海ヘリとしては複合掃海具(係維・音響・磁気)を曳航し、港湾や水路などに敷設された機雷を除去。輸送ヘリとしては最大40名の搭乗が可能な約28㎡の広いキャビンを持つ。機体はローターと尾部に自動折りたたみ機能を持ち、艦載機としても運用しやすい。また自動飛行制御装置、能動制振装置、自己診断システムを搭載し、飛行性の向上と機体への負担を軽減している。

調達予定数は11機。なお「しらせ」艦載機として同型のCH-101も3機調達されている。

SPEC

◎全幅:18.6m ◎全長:22.8m ◎全高:6.6m ◎全備重量:約14,600kg ◎発動機:R&R RTM322ターボシャフトエンジン ◎出力:2,150hp×3基 ◎最大速力:150kt ◎航続距離:約1,400km ◎乗員:4名

救難飛行艇 US-2

STOL AMPHIBIAN US-2

「US-1A」の後継機。エンジンやプロペラ、自動操縦システムなどに改良が施され、性能や居住性が格段に向上した。

洋上での離発着が可能な水陸両用機

世界でも珍しい水陸両用の救難飛行艇。捜索レーダー、赤外線暗視装置、衛星通信装置などで遭難者探し、救助用ボートや医療器材なども装備している。エンジンは4基搭載し、約50ktの低速で短距離離発着でき、波高3mの荒れた海でも離着水が可能だ。操縦はフライ・バイ・ワイヤ（操縦・飛行制御システム）を採用してパイロットの負担を軽減。巡航速度は時速約470km、航続距離は約4700kmで、広範囲な救助活動を実現。洋上救難のほか、滑走路のない離島の救急患者搬送などで重要な役割を果たしている。岩国基地と厚木基地に配備。

SPEC

◎全幅:33.2m ◎全長:33.3m ◎全高:9.8m ◎全備重量:47,700kg ◎発動機:R&R AE2100Jターボプロップエンジン ◎出力:459hp×4基 ◎最大速度:315kt ◎航続距離:約4,700km ◎乗員:11名

輸送機 C-130R

CARGO AIRCRAFT C-130R

KC-130R空中給油機をベースに、貨物搭載量や航続距離、速度の面を強化。厚木基地に6機配属されている。

海自の航空輸送力を強化した中型輸送機

輸送機YS－11の後継機として、基地間の人員や物資の輸送、大規模災害発生時の救援物資などの輸送に従事する中型輸送機。

ベースの機体は米海軍が保管していたほとんど未使用のKC－130R空中給油・輸送機。米国内でオーバーホールを受けて可動状態に再生し、空中給油機能を取り外している。基本設計は航空自衛隊も運用している戦術輸送機の世界的ベストセラー、C－130Hと同一。YS－11と比べて搭載量や巡航距離・速度が向上しているので海自の輸送能力は強化された。厚木基地に計6機配備。

SPEC

◎全幅:40.4m ◎全長:29.8m ◎全高:11.7m ◎最大離陸重量:70,300kg ◎発動機:T56ターボプロップエンジン ◎出力:4,910hp×4基 ◎有効搭載量:約20t ◎最大速力:320kt ◎乗員（輸送人員）:6名（92名）

人員や物資の輸送で南極観測を支援

砕氷艦「しらせ」

AGB"SHIRASE"Class Icebreaker

2009年に就役した2代目「しらせ」。南極観測支援という役目がら予算は文部科学省が支出。艦の運用は海上自衛隊が行っている。

極地の任務ではペンギンにも遭遇する。

海氷を砕きながら進む「しらせ」。船尾にヘリ甲板があるのがわかる。

船外作業に従事する「しらせ」乗組員。

海自は1965年から南極観測支援を行っており、主な任務は昭和基地への観測隊員や物資の輸送、観測支援。任務は「ふじ」、初代「しらせ」、現在の二代目「しらせ」と受け継がれている。氷を割るため艦首角は水面から19度と鋭角で、1.5m厚の氷を連続砕氷しながら33ktで進む。氷の上の雪を溶かして冠雪抵抗を軽減する融雪用散水装置も装備。厚さ約1.5m以上の氷は数百m後退し、全速前進で艦ごと乗り上げるチャージングで圧砕する。船体はステンレスクラッド鋼の使用により摩擦抵抗を低減。動揺を抑える減揺タンクを内蔵し、船体を左右に傾斜させるヒーリングタンクも併用して砕氷航行を効率化している。デッキクレーンやコンテナ方式の荷役システムなどを持ち、後部には輸送ヘリ、CH-101を2機搭載できる。なお「南極観測船」と呼ばれることが多いが、正式には「砕氷艦」である。

SPEC

◎基準排水量:12,650t ◎全長:138m ◎幅:28m ◎深さ:15.9m ◎喫水:9.2m ◎主機械:ディーゼル・電動機4基2軸 ◎出力:30,000馬力 ◎速力:19kt ◎乗員:約175名、観測隊員等80名 ◎主要装備:水温、塩分、海潮流、海底底質および音響観測器材 ◎艦載機:輸送用大型ヘリコプター×2

【特集4】機動戦闘車から新型護衛艦、国産ステルス機まで

未来の最新最強装備

防衛省・陸海空自衛隊では新たな安全保障環境、新たな技術、新たな軍事戦略などに対応するために、常に新しい装備品の研究開発を行っている。

ここでは導入が決まっている将来の装備品や、現在進行している研究開発の一端をご紹介しよう。

機動戦闘車　路上機動性を高めた8輪の装輪装甲車両に戦車の砲塔をのせた機動戦闘車。

THE LATEST STRONGEST EQUIPMENT OF FUTURE

陸上自衛隊

機動戦闘車

機動戦闘車（MCV＝Maneuver Combat Vehicle）は、2007（平成19）年度に開発に着手し、2016（平成28）年度予算で調達が開始される装輪装甲車（36両：252億円）。ご覧の通り、8輪の装輪装甲車の上に戦車の砲塔をのせた形になっており、簡単に言えば路上機動性を高めた戦車である。役割は、島嶼部に侵攻する敵勢力・ゲリラ・特殊部隊の襲撃といった多様な事態の対処において、空輸性・路上機動性に優れた機動力をもって展開すること、中距離域での直接照準射撃により軽戦車等を含む敵装甲戦闘車両等を撃破することである。

主砲は74式戦車と同じ52口径105㎜ライフル砲を搭載。これは余剰になった74式戦車の弾薬を転用するためだ。装輪車両の場合、主砲の反動を吸収しきれず、次弾以降の命中精度が戦車より劣るが、射撃管制とアクティブ・サスペンションによってクリアしたとされる。最高速度は100km／h以上で、舗装路面上を長距離にわたって移動可能。ただし不整地走行性能はほかの装輪装甲車と同様に高くない。

運用は、新防衛大綱で戦車の保有定数を減少させられ、かつ現有の戦車は北部方面隊（北海道）、西部方面隊（九州）に集中配備されることから、本州で74式戦車が担っていた任務をいずれ代替すると目されている。そのため、最終的には200～300両の配備が検討されている。

水陸両用車　AAV7

陸上自衛隊は、2018（平成30）年度までに西部方面普通科連隊（長崎県・相浦駐屯地）を基盤に3000名規模の「水陸機動団」を新編する。この部隊の主要な装備となるのが水陸両用車AAV7だ。まず2013（平成25）年度予算において性能確認や運用検証などを行う

水陸両用車 AAV7
新編される「水陸機動団」に配備される水陸両用の装甲兵員輸送車。

ための参考品としてＡＡＶＰ７Ａ１ ＲＡＭ／ＲＳ（人員輸送車型）４両を調達。その後もＡＡＶＣ７Ａ１ ＲＡＭ／ＲＳ（指揮車型）と回収車型のＡＡＶＲ７Ａ１ ＲＡＭ／ＲＳを１両ずつ調達したが、最終的にはＡＡＶ７Ａ１ ＲＡＭ／ＲＳに決定した。陸自仕様として取り外し可能なウインカーや航海灯などが装備されている。

地上では最高速度72km／h、水上では主にウォータージェット推進を利用して最高速度13km／h、履帯の回転だけでも７.２km／hの推進力を持っている。52両調達される予定。

ＡＡＶ７は長らく米海兵隊の中核装備として活躍してきたが、開発から30年以上経過しているうえ、米国でも後継車両の開発が頓挫。そこで現在は三菱重工業が新型水陸両用車の開発を行っている。公表されている目標数値では、エンジンは１２００馬力を発生する10式戦車用を使用し、「画期的な推進システム」（詳細は不明）により速度は20〜25kt（時速約37〜46km／h）と、ＡＡＶ７の３倍以上の高速航行が可能とされる。

輸送機 V-22オスプレイ

老朽化した米軍のＣＨ-46輸送ヘリの後継機として沖縄県・普天間基地に配備された際は何かと物議を醸したオスプレイだが、陸上自衛隊にも配備されることが決まっている。目的はＣＨ-47ＪＡ輸送ヘリの輸送能力の補完と、水陸両用作戦における部隊展開能力や災害救援能力の向上である。

オスプレイは回転翼軸の角度を変更することで垂直／水平飛行を可能としたティルトローター方式の垂直離着陸機。ヘリと同様の垂直離着陸やホバリング、固定翼機のような高速飛行、短距離離着陸（ＳＴＯＬ）もできる、言わばヘリコプターと固定翼機のいいとこ取りをした画期的な機体で、ヘリコプターに比べてより速く、より多くの貨物や人員を、より遠くに運ぶことができる。

最高速度は約５５０km／h、航続距離はフェリー時（搭載貨物なし）で約３６００km。最大ペイロードは約９０００kg、輸送人員は24名。実用上昇限度も対空攻撃を受けにくい約７０００ｍの高度を飛行可能だ。２０１８（平成30）年度までに17機調達する計画で、佐賀空港（佐賀県佐賀市）への配備を目指している。

海上自衛隊

新型護衛艦

海上自衛隊では、護衛艦はＤＤＨの「いずも」型、ＤＤの「あきづき」型、潜水艦は「そうりゅう」型、掃海艇は「えのしま」型、航空機は哨戒機Ｐ-１など、ここ数年で相次いで開発と配備が終ったばかりで、正面装備の開発は一段落している状況だ。

そんな中で開発が計画されているのが新型護衛艦「ＤＥＸ」である。これは就役から30年近くが経過したＤＥの「あぶくま」型護衛艦の後継となるが、その運用思想はまったく新しいものとなっている。

役割は離島防衛や災害派遣など多様な任務とされ、基準排水量は約３０００ｔ、速力は約40ktと従来型護衛艦の標準的な速力を約10kt上回る。これにより、水陸両用作戦が実施された際はより早く現場海域に進出し、搭載ヘリコプターでの情報収集、小規模な陸上戦力などの迅速な投入や、輸送や揚陸作業などによる上陸作戦の支援が可能となる。こうした機能は、災害時には従来の護衛艦では入れなかった小さな港へ緊急物資を高速で輸送することも期待されている。また機雷戦の際には水中情報を効率的に取得するため、ＵＳＶ（無人水上艇）やＵＵＶ（無人潜水艇）を搭載するなど機雷戦能力も持たせるという。新技術としては、レーダーやＥＣＭ（電子対抗手段）装置を統合したステルスマストの導入によりステルス性を向上させるとされる。

小型護衛艦「DEX」のイメージ。輸送、機雷戦など多様な任務が付与される予定。

新型護衛艦

輸送機 V-22オスプレイ
日本では陸自に導入されるティルトローター方式の垂直離着陸機（写真は米軍機）。

戦闘機 F-35 ライトニングII
空自待望のステルス戦闘機。三沢基地から配備される（写真はモックアップ）。

政府専用機 B777-300ER
2019（平成31）年度に就航予定の新しい政府専用機。カラーリングも一新される。

これとは別に、平成25年度計画新型護衛艦（25ＤＤ）の１番艦の建造も始まっている。こちらは「あきづき」型をベースとした対潜戦重視型。護衛艦としては初めてガスターボエレクトリック・ガスタービン複合推進（ＣＯＧＬＡＧ）方式を採用している。

航空自衛隊

戦闘機 F-35ライトニングII

F-4EJ（改）の後継として導入が決まっている戦闘機。ロッキード・マーチン社が中心となって国際共同開発されているマルチロール戦闘機で、優れたステルス性と高度なアビオニクスを有する第5世代戦闘機に分類される。

開発計画時の名称である統合打撃戦闘機（Joint Strike Fighter）の略称JSFとも呼ばれ、空軍・海軍・海兵隊の戦闘機を統合した機能を持つ。そのため、ベーシックな通常離発着のA型、米海兵隊のハリアーIIの後継となる短距離離陸・垂直着陸のB型、艦載型のC型の3タイプがあるが、空自で採用したのはA型。

F-35は監視、偵察、空対空、空対地など多様な任務を担うマルチロール機のため、空対空、空対地、空対艦ミサイルなど多種多彩な武装を搭載可能だ。

調達数は42機が予定されており、まずは2017年度、三沢基地にF-35の1個飛行隊が新編される予定だ。またアジア太平洋地域におけるF-35の整備拠点（リージョナル・デポ）を、オーストラリアとともに日本にも設置することが決まっている。

空中給油・輸送機KC-46A

航空自衛隊では現在、KC-767型4機と、KC-130H型2機の空中給油・輸送機を保有しているが、新たにKC-46Aを4機導入することが決まっている。

KC-46Aは、早期警戒管制機AWACSやKC-767の母機であるB767のバリアント機。従って部品補給・整備・修理などを共有できるメリットがある。KC-767との最大の違いは給油方式だ。

給油方式は「フライングブーム方式」と「プローブアンドドローグ方式」があるが、KC-767はフライングブーム方式を採用。この方式はF-15やF-2の戦闘機に対応している。他方、KC-130Hはプローブアンドドローグ方式で、救難ヘリコプターUH-60Jや導入が決まっているV-22オスプレイに対応。KC-46はその両方に対応したマルチロール空中給油・輸送機となっている。

またほかの大型空中給油・輸送機に比べ、離島の飛行場のような狭小な場所でも離発着できる機動性を持つため、より効率良く燃料や物資・人員を輸送できるとされる。

これは軍事作戦だけでなく、国際平和協力活動や災害派遣時にも有効だろう。

政府専用機 B777-300ER

政府は1991年からボーイング747-400型2機を政府専用機として運用してきた。

だが、機体の老朽化、4発エンジンのための燃料効率の悪さ、整備を受託していたJALが747型機をすべて退役させたことなどから、内閣官房の政府専用機検討委員会で後継機が検討されてきた。

提案にあたって、①アメリカ東海岸への直航が可能なこと、②天皇陛下や内閣総理大臣の輸送に必要な装備（貴賓室、執務室、秘匿通信機器等）と随行員、乗務員等の座席を確保できるスペースを有すること、③将来にわたって、国内で民間航空会社等による整備体制が確保される見通しがあることの3つの条件を提示。その結果、B777-300ERに決定した。

B777（トリプル・セブン）は機体に2本の通路を持つワイドボディの双発機。300は標準タイプの200の胴体を延長し、民間機の座席数は最大で500席を越える。整備や運航支援、乗務員の教育は747ではJALが行っていたが、777ではコスト面や同型機を多数保有することからANAが行う。

B777は過去に軍用機に転用されたことはなく、政府専用機が初となる。2019（平成31）年度に就航予定。

先進技術実証機 X-2

先進技術実証機（Advanced Technological Demonstrator-X＝ATD-X）は、防衛省・自衛隊が研究開発を進めているステルス実証機。

2016（平成28）年1月28日のロールアウトでX-2の名称が与えられている。もともとの開発の趣旨は、ステルス機をレーダーで観測したことがないためステルス機を開発し、その飛行状態をレーダーで観測することによりステルス機を捕捉・追尾するため技術的資料を収集する、というのが目的だったようだ。

最初の事業は1995（平成7）年度に始まった「実証エンジンの研究」だった。

事業の目的はアフターバーナー付き高性能ターボファンエンジン試作である。当時の日本には国産でエンジンを開発する技術的基盤がなく、そのためF-2も日米共同開発となった経緯があった。

続いて2000（平成12）年度から「高運動飛行制御システムの研究」に着手。主な研究内容は「推力偏向技術」「ステルス技術」「自己修復飛行制御技術」の3つである。

さらにステルス性を持つ薄型の高性能次世代センサーシステム「スマート・スキン機体構造の研究」などを行い、システム・インテグレーションして機体を具現化している。

また先進技術実証機と並行して、将来戦闘機に向けた研究開発も行ってきており、こちらはX-2で獲得した技術をベースに発展した第6世代戦闘機となる予定だ。将来戦闘機は2018（平成30）年度までに取得方式の方針を決定する、とされている。

このX-2はあくまでも試験機なので、将来そのまま実用化されることはない。

また将来戦闘機も自国開発の具体的な計画が決まっているわけではない。

ただ、技術的基盤を持つことで防衛計画への影響を回避し、共同開発の際には発言力を確保することにつながるはずである。

THE LATEST STRONGEST EQUIPMENT OF FUTURE

空中給油・輸送機 KC-46A
さまざまな機種に対応するマルチロール空中給油・輸送機

先進技術実証機 X-2
研究開発を進めているステルス実証機。今後の動向に注目したい。

第3章

航空自衛隊の装備

EQUIPMENT OF JAPAN AIR SELF-DEFENSE FORCE

最新鋭戦闘機を導入 作戦行動範囲や輸送力も強化

日本が武力攻撃を受ける場合、第一撃は航空機やミサイルによる航空攻撃から始まると想定されている。つまり防空作戦を担う航空自衛隊の防衛力は、その後の戦い全般の行方を左右することになる。

航空攻撃を未然に防ぐために、全国のレーダーサイトや早期警戒機、早期警戒管制機などで日本とその周辺の上空を24時間体制で監視。領空に侵入するおそれのある航空機を発見した場合にはスクランブルした戦闘機が行動を監視し、領空へ侵入しないよう警告などを発する。この対領空侵犯は空自創設以来変わらない役割である。その中でも中心となるのが戦闘機だ。現在はF-15が7個飛行隊、F-4が2個飛行隊、F-2が3個飛行隊の計12個飛行隊、約260機の戦闘機でその任にあたっている。最近は南西地域の警戒強化のため、那覇基地に警戒航空部隊1個飛行

隊を配備し、戦闘機部隊１個飛行隊を移動して周辺海空域の安全確保、島嶼に対する攻撃への対応を図っている。

一方、弾道ミサイル防衛でも空自は重要な役割を担っており、海上自衛隊のイージス艦と連携しながら、レーダー、ペトリオット（地対空誘導弾）、指揮・通信システムが一体となって破壊する態勢を整えている。

本来任務となった国際平和協力活動は、陸海と同様に空自の装備にも変化をもたらした。自衛隊が海外に派遣される際、空輸を担うのは空自となるが、保有している輸送機は戦術輸送機のため長距離の輸送を想定していない。このため、退役が進む輸送機Ｃ-１の後継機としてＣ-２を新たに開発し、大幅な航続距離と輸送力の向上を実現した。また２００９年には初の空中給油・輸送部隊、第４０４飛行隊を新編。空中給油機能の付与により、航空機の作戦行動範囲は飛躍的に拡大している。空自の主役、戦闘機では、２０１７年度から第５世代のステルス戦闘機、Ｆ-35Ａの運用が開始される予定だ。

戦闘機
F-15J/DJ

FIGHTER F-15 EAGLE

写真は乗員2名の複座型「F-15DJ」。前が操縦席、後ろは航法士席になる。単座型の「F-15J」の操縦席の後ろは電子機器スペースになっている。なおF-15の別名は「イーグル」、パイロットは「イーグルドライバー」と呼ばれる。

戦闘機はジェットエンジンを積んだ第1世代、音速を突破した第2世代、マルチロール・電波ホーミングミサイル搭載・夜間戦闘能力を有する第3世代、高度なアビオニクス（電子機器）を搭載し、機動性と高速性を両立させた第4世代と進化。F-15は第4世代を代表する制空戦闘機で空自の主力。役割は対領空侵犯措置である。優れた飛行性能があり、公式には実戦での空対空戦闘被撃墜は皆無とされる。機体はチタン合金などを使用し、兵装は固定武装としてM-61A機関砲を装備、短距離空対空ミサイルAIM-9サイドワインダー、AAM-3、AAM-5、中距離空対空ミサイルAAM-4なども搭載可能である。

導入から30年以上経過しているが、今なお第一線の戦闘力を保持しているのは基本性能の優秀さと高い拡張性を生かして進化を続けているからだ。現在までに新型レーダーの搭載、新型ミサイルの運用能力付与、データリンクシステムの搭載、電子戦能力の強化などが行われている。また非破壊検査システムの導入により高い精度で機体の状態を測定し、機齢の伸延も図っている。

F-15はこれまで単座型のJ型が165機、複座型のDJ型が48機の計213機を導入。全国4カ所、訓練部隊と教導部隊各1個隊を除く7個の飛行隊（1個飛行隊約20機）に配備。

SPEC

全幅	13.1m
全長	19.4m
全高	5.6m
エンジン	F100-PW-IHI-220E アフターバーナー付ターボファン・エンジン
推力	約8,600kg（A/B使用時約10,800kg）×2基
最大離陸重量	約25t
最大速度	マッハ約2.5
実用上昇限度	約19,000m
最大航続距離	約4,600km
武装	M-61A　20mm機関砲×1（940発）、空対空レーダーミサイル×4、空対空赤外線ミサイル×4
乗員	1名（2名）

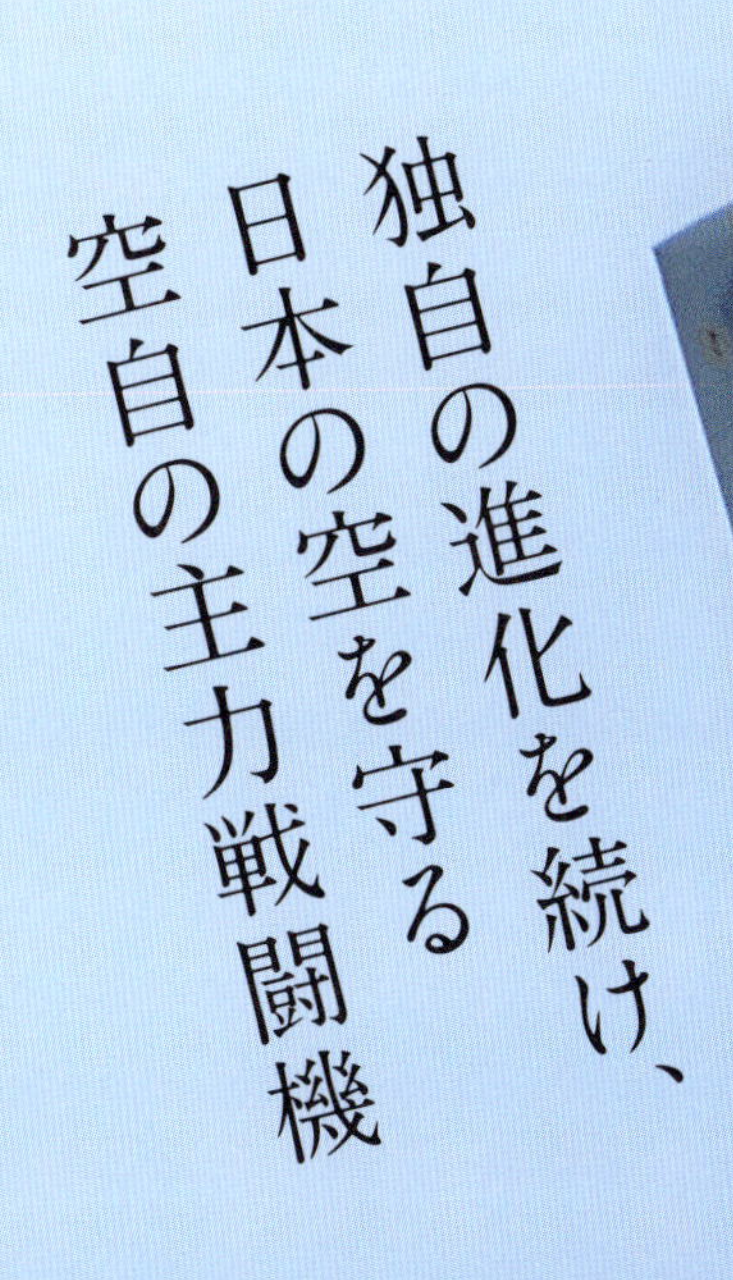

独自の進化を続け、日本の空を守る空自の主力戦闘機

【左写真】離陸前のエンジンノズル部分。2機搭載されたターボファンエンジンはデジタル制御できるものに置換されている。【写真中】右翼の付け根に設置された20mmバルカン砲発射口。射程距離はおよそ1km。6本の砲身を回転させながら発射する。【写真右】機首のノーズコーンには5つのモードを選択できる「APG-63レーダー」が収まっている。

戦闘機 F-2A/B

FIGHTER F-2

日米の航空技術を結集した世界屈指のマルチロール機

空対空戦闘に特化したF-15に対し、F-2は対空に加えて洋上や地上の敵を攻撃する対艦・対地攻撃能力を持つマルチロールファイター（戦闘攻撃機）。当初はエンジンを除く国産開発を目指していたが、米国との政治的問題などもあり、F-16をベースとした日米共同開発となった。

要求性能は空対艦誘導弾4発装備した状態で戦闘行動半径450海里、短距離空対空誘導弾と中距離空対空誘導弾をそれぞれ2〜4発装備、全天候運用能力、高度な電子戦能力などであった。そのため、F-16に比べて機体を大型化して兵装や燃料の搭載量を増加。世界初の炭素繊維強化複合材による一体構造の主翼を採用するなどして重量軽減を図っている。アクティブフェーズドアレイレーダーの搭載や国産技術によるデジタル式フライ・バイ・ワイヤの採用も世界初。高度な電子機器、ステルス性向上を狙った電波吸収材の導入などから、「第4・5世代」と分類されることもある。

当初は141機の調達が計画されていたが、94機で生産終了。現在は三沢基地（青森県）の第3・第8飛行隊、築城基地（福岡県）の第6飛行隊の3個飛行隊に配備（教育飛行隊、飛行教導隊除く）。なお三沢基地の1個飛行隊は築城基地に移動し、三沢基地には2017年度にF-35の部隊が新編される予定だ。

【写真左】離陸するF-2。F-15と違い、搭載するエンジンは1機のため、排気ノズルもひとつである。対艦攻撃任務もあることから、機体には洋上迷彩が施されている。【写真中】機体下には大きなエアインテーク(空気取り入れ口)があり、左右には航法灯とIEWS(統合電子戦システム)アンテナがつく。【写真右】主翼の右は三菱重工業製、左はロッキード・マーチン社製と製造者が異なる。両主翼の下には600ガロンの燃料を詰めるタンクを設置。無給油で日本列島を縦断することが可能だ。

SPEC

全幅	11.1m
全長	15.5m
全高	5.0m
エンジン	F110-GE-129 アフターバーナー付ターボファン・エンジン
推力	約7,700kg(A/B使用時約13,400k)×1基
最大離陸重量	約22t
最大速度	マッハ約2.0
実用上昇限度	約15,000m
戦闘行動半径	約830km
武装	20mm機関砲(512発)×1、空対艦ミサイル×4、 空対空赤外線ミサイル×4、空対空レーダーミサイル×4
乗員	1名(2名)

今なお第一線で活躍する歴戦の名機

戦闘機 F-4EJ(改)

FIGHTER F-4 PHANTOM Ⅱ

80年代に大幅な近代化改修に着手。防空能力の大幅な向上が図られ、配備から40年以上が経った現在でも第一線で活躍している。

コックピットは複座敷。後部座席にも操縦機能が備わっている。

機首下部にはM-61A1 20mm機関砲を装備。

アフターバーナー付ジェットエンジンを2機搭載。最大速度マッハ2.2。

空対空レーダーミサイル、空対空赤外線ミサイルなどを装備可能。

F-4は対空・対艦・対地支援までをこなす米海軍の艦上戦闘機として開発。ベトナム戦争でも多数投入された第3世代戦闘機である。

空自のF-4EJは米空軍のF-4Eを改造。対地攻撃能力や空中給油装置などの装備を取り除き、データリンクを載せて要撃戦闘機タイプとした。F-15Jが主力戦闘機となって以降は防空能力の向上・近代化の一環として改修に着手。レーダー、火器管制システムや搭載ミサイルの近代化、航法、通信能力と爆撃機能の向上などを行い、F-4EJ(改)となった。

百里基地(茨城県)の第302飛行隊、新田原基地(宮崎県)の第301飛行隊に配備。

SPEC

◎全幅:11.7m ◎全長:19.2m ◎全高:5m ◎エンジン:J79-GE-17、J79-IHI-17 アフターバーナー付ターボジェット・エンジン ◎推力:5,360kg(A/B使用時約8,120kg)×2基 ◎最大離陸重量:約26t ◎最大速度:マッハ約2.2 ◎実用上昇限度:約19,000m ◎航続距離:約2,900km ◎武装:M-61A1 20mm機関砲(639発)×1、空対空レーダーミサイル×4、空対空赤外線ミサイル×4 ◎乗員:2名

上空から敵の状況を精密に偵察

偵察機 RF-4EJ

RECONNAISSANCE AIRCRAFT RF-4EJ

F-4EJを改修した航空自衛隊の偵察機RF-4EJ。1992年から配備されている。

RF-4EJは機首下部に20mm機関砲を装備。

RF-4Eは機首下部に前方偵察カメラを備える。

F-4EJ同様、ミサイルも装備可能。

偵察ポッドには戦術偵察ポッド、長距離撮影ポッドなど3種類ある。

RF-4EはF-4EJと同時に導入された戦術偵察機。各種カメラや偵察用レーダーなどを搭載し、全天候の航空偵察が可能だ。

RF-4EJはF-15の導入により余剰になったF-4EJに外装偵察ポッドを搭載。偵察機能は低高度・高高度・夜間暗視用赤外線の3種カメラを内蔵した戦術偵察ポッド、長距離用カメラを内蔵した長距離偵察ポッド、電波源の情報を得る戦術電子偵察ポッドの3種類。

両機種ともに日本唯一の戦術偵察機部隊、第501飛行隊（百里基地）に配備。地震や火山噴火など自然災害の発生時にも真っ先に飛び立ち、上空からの偵察活動を実施している。

SPEC

◎全幅:11.7m ◎全長:19.2m ◎全高:5m ◎エンジン:J79-GE-17 アフターバーナー付ターボジェット・エンジン ◎推力:5,360kg（A/B使用時約8,120kg）×2基 ◎最大離陸重量:約26t ◎最大速度:マッハ約2.2 ◎実用上昇限度:約19,000m ◎航続距離:約2,900km ◎主要装備:前方監視レーダー、側方偵察レーダー、前方フレームカメラ、低高度パノラミックカメラ、高高度パノラミックカメラ、ビューファインダー、赤外線探知装置、フラッシュ発射器 ◎乗員:2名

輸送機 C-2

CARGO AIRCRAFT C-2

航空輸送能力を高め、国外任務への対応を強化した最新鋭の輸送機

C-2はC-1の後継機とて、近年増加の一途をたどる国際協力任務などを見据えて開発された輸送機。戦後日本が自主開発する機体としては最大サイズで、主翼はキャリースルー（中央翼構造）が貨物室を横切らず、貨物室を効率的に使えるオーソドックスな高翼配置を採用。貨物搭載量は約30tでC-1の約4倍。空挺隊員用の座席や空挺扉も設置されている。素材は大部分がアルミ合金を使用。エンジンは高バイパス比ターボファンジェットエンジンを採用。高高度の民間航空路を飛行できる旅客機並みの性能を獲得し、スラストリバーサー（逆噴射装置）により短距離着陸も可能にしている。

また、戦術輸送飛行管理システムにより航法を自動化し、山岳地や低高度飛行において飛行経路を誘導・表示することによりパイロットの負担を軽減。そのほか、省力化搭載しゃ下システムを装備し、機内の搭載状況をコンピューターが把握して集中管理。貨物や装備品の積み卸しをスムーズかつ短時間で行い、ロードマスターを支援する。

軍用機としてはレーダー警戒装置、赤外線警戒センサーによるミサイル警戒装置と共にチャフ・フレアディスペンサーを自機防御システムとして搭載し、ミサイルなどの経空脅威に対する生存性を向上させている。調達数は20数機から40機とされ、2017年度の第3輸送航空隊（鳥取県・美保基地）から順次部隊配備される予定。

【左写真】耐寒試験を受けるC-2。グレーとライトブルーの制空迷彩と洋上迷彩を組み合わせたような新しい迷彩色でカラーリングされている。【中写真】対空ミサイルから自機を守るフレア投射を行うC-2。【右写真】「搭載・卸下システム」のテスト。上空から20個のコンテナを連続投下する。

SPEC

全　幅	44.4m
全　長	43.9m
全　高	14.2m
エンジン	CF6-80C2K1F ターボファン・エンジン
推　力	22,680kg×2基
搭載貨物量	約30t
基本離陸重量	120t
最大速度	約1,000km/h
航続距離	約6,500km(12t搭載時)
乗　員	3名

輸送機 C-130H

CARGO AIRCRAFT C-130 HERCULES

長距離かつ大規模な輸送が可能な米国生まれの戦術輸送機。多くの国で採用されており、海上自衛隊でも運用されている。

輸送機のスタンダードとなった世界的名機

能力不足となったC-1の補助用として導入。頑丈な機体、不整地でも可能な短距離離着陸(STOL)性能、広いカーゴスペースを持ち、後の輸送機のスタンダードとなった。世界各国でも採用され、「ハーキュリーズ」の名前で知られる。C-1では不可能な長距離の空輸や大重量の物資輸送に使われ、通常の搭載人員は92名、完全武装の空挺隊員は64名収容可能。PKOや国際緊急援助活動、イラク復興支援など国際平和協力活動での活用も目立つ。16機導入され、空中給油・受油機能が付加されたKC-130Hもある。全機第1輸送航空隊(小牧基地)に配備されている。

SPEC

◎全幅:40.4m ◎全長:29.8m ◎全高:11.7m ◎エンジン:T56-A-15 ターボプロップ・エンジン ◎搭載貨物量:約20t ◎最大離陸重量:約70.3t ◎最大速度:約620km/h ◎航続距離:約4,000km(5t搭載時) ◎乗員:6名+搭載人員92名

輸送機 C-1

CARGO AIRCRAFT C-1

短距離離着陸(STOL)を高めるために、エンジンには4段式のファウラーフラップやスラストリバーサーを装着。国内のほとんどの飛行場で運用できる。

国内運用に特化した国産の中型輸送機

日本独自に開発した戦術輸送機。特長はローディング(積み込み)システムで、機体後部に大型のランプドアを装備し、カーゴを積み込みパレットに載せれば短時間で搭載して空中投下が可能。車両は自走で機内に搭載できる。輸送人員は通常60名、武装した空挺隊員は45名、担架なら36名を収容可能。中型機ながら機体を90度近く傾けての急旋回が可能な高機動能力を持つ。

しかし性能不足となり量産は29機で打ち切り。うち1機は電子戦訓練機EC-1に改造された。第2輸送航空隊(入間基地)と第3輸送航空隊(美保基地)に配備。

SPEC

◎全幅:30.6m ◎全長:29.0m ◎全高:9.99m ◎エンジン:JT8D-9軸流式ターボファン・エンジン ◎推力:6,600kg×2基 ◎搭載貨物量:約8t ◎最大離陸重量:約39t ◎最大速度:約800km/h ◎巡航速度:約650km/h ◎航続距離:約1,700km(2.6t搭載時) ◎乗員:5名+ 45(武装兵員)~60名

高高度から索敵し、攻撃や要撃などを指揮管制

早期警戒管制機 E-767

AIRBORNE WARNING AND CONTROL SYSTEM E-767

高高度から侵入機や遠距離の船舶・航空機を発見、監視する空飛ぶレーダーサイト。戦闘機や防空ミサイルの指揮統制を行う機能も併せ持つ。

ベースとなっている機体は中型旅客機のボーイング767。

キャビン内部は機器に占められているため、胴体に窓がひとつもない。

旅客機のB-767に、警戒管制システムを搭載した早期警戒管制機で通称AWACS(エーワックス)。3次元方式の捜索用レーダー、敵味方識別装置、通信データリンク装置、情報処理コンピューターなどを搭載し、地上レーダーでは探知できない低高度からの侵入機や、遠距離の艦船・航空機を発見・監視。友軍内での情報共有や、攻撃・要撃を含む指揮管制もでき、地上の警戒管制組織が損害を受けたときの代替機能も持つ。公開情報は少なく、非常に機密性の高い機体である。4機導入され、全機が警戒航空隊第602飛行隊(浜松基地)に配備。

機体上部には直径約9mの巨大なロートドームが設置されている。

SPEC

◎全幅:48m ◎全長:49m ◎全高:16m ◎エンジン:GE CF6-80C2高バイパス・ターボファン・エンジン ◎推力:27,900kg×2基 ◎最大離陸重量:約176t ◎最大速度:約840km/h ◎航続距離:約7,200km(30t積載時) ◎乗員:20名

早期警戒機 E-2C

AIRBORNE EARLY WARNING E-2C HAWKEYE

もともと艦載機のため主翼は折りたたみ可能。機体上部にはレーダーアンテナを納めた大型のロートドームがあり、探知能力は560km以上とされる。

高い機動力で領空を監視する「空飛ぶレーダーサイト」

米海軍向けの艦上早期警戒機として開発。日本では1976年、ソ連空軍のミグ25が函館空港に強行着陸した「ベレンコ中尉亡命事件」を受けて急きょ13機導入された。役割は低空侵入機の早期発見、陸上レーダーサイト機能の代替など。短距離離陸のため機体に比してエンジン出力が大きく、操縦が難しいとされる。現在は米海軍の性能向上型ホークアイ2000と同等にアップグレートされた改修型機が配備されつつある。

三沢基地のほか、南西空域強化のため2014年からは那覇基地にも第603飛行隊が新編され、配備されている。

SPEC

◎全幅:24.6m ◎全長:17.6m ◎全高:5.6m ◎エンジン:T56-A-425 ターボプロップ・エンジン ◎推力:5,100eshp×2基 ◎最大離陸重量:約23t ◎最大速度:約600km/h ◎巡航速度:約500km/h ◎最大航続距離:約2,550km ◎乗員:5名

空中給油・輸送機 KC-767

AIR-TO-AIR REFUELING AND CARGO AIRCRAFT KC-767

機体の尾部には空中給油のためのブームを設置。通常時は機体に添うように格納されているが、給油時は写真のように伸ばして使用する。

空中給油と大量輸送を担うマルチプレーヤー機

B767-200ER型旅客機を改造。空中給油機としては世界初の遠隔視認装置を採用。機体底部の5台のカメラで操縦席後部の操作卓を操作し、給油口から伸びる約6cmのパイプの位置を確認しながら戦闘機に給油できる。

輸送機としては空自最大の輸送性能と長い航続距離を持ち、コンバーチブル（人員輸送用・貨物輸送用）、コンビネーション（人員輸送用・貨物輸送用・人員と貨物の同時輸送用）、貨物輸送専用、人員輸送専用にすることが可能。

小牧基地に給油・輸送部隊の第404飛行隊を新編し4機導入。

SPEC

◎全幅:48m ◎全長:49m ◎全高:16m ◎エンジン:GE CF6-80C2 高バイパス・ターボファン・エンジン ◎推力:27,900kg×2基 ◎搭載貨物量:約30t ◎最大離陸重量:約176tまたは乗客200名 ◎最大速度:約840km/h ◎航続距離:約7,200km(30t積載時) ◎乗員:4名

救難ヘリコプター UH-60J

AIR RESCUE HELICOPTER UH-60J PAVE HAWK

アメリカのUH-60ブラックホークを日本独自に改修した救難専用ヘリ。機体にはダークブルーの洋上迷彩が施されている。

機首には救難者を発見する赤外線暗視装置を装備。

UH-60Jのコックピット。右が操縦士席、左が副操縦士席。

米国の救難ヘリを空自向けに改造。赤外線暗視装置、気象レーダー、精密な慣性航法装置を搭載し、夜間や悪天候下での救難活動を可能にしている。また増槽燃料タンクを装備し、救難可能区域はほぼ防空識別圏内をカバーする。機内には高度なサバイバル技術を持つ救難員(メディック)2名が乗り込み、戦闘地域・洋上・山岳地帯を問わず進出して要救助者(サバイバー)を救助する。主任務は緊急脱出(ベイルアウト)したパイロットの戦闘救難(コンバットレスキュー)だが、その能力を生かして災害時の人命救助でも活躍。出動状況は常に過酷で、救難活動における「最後の砦」といわれる。

航空救難団隷下の救難隊に所属し、全国10カ所の基地と分屯基地に配備。

UH-60Jからロープ降下する救難員(メディック)。

SPEC

◎全幅:5.43(16.36)m ( )内はローター含む。以下同 ◎全長:15.65(19.76)m ◎全高:5.13m ◎ローター直径:16.36m ◎エンジン:T700IHI-401Cターボシャフト・エンジン ◎連続最大出力:1,662shp×2基 ◎最大離陸重量:約10.0t ◎最大速度:約265km/h ◎実用上昇限度:約4,000m ◎航続距離:約1,295km ◎乗員:5名

素早く進出してサバイバーを捜索

救難捜索機 U-125A

SEARCH AND RESCUE AIRCRAFT U-125A

米ホーカー・ビーチクラフト社の双発小型ジェット機を日本独自に改修した救難機。各種レーダーや赤外線暗視装置で生存者を探し出す。

U-125Aのコックピット。操縦桿はM字型。

有事における捜索活動を想定し、機体は視認性の低い水色で塗装されている。

機体下部の膨らみの中には捜索用レーダーが格納されている。

機首下部にとりつけられた収納式の赤外線暗視装置。

双発小型ジェット機をベースに救難捜索機に改造。出動命令が下ると救難ヘリUH-60Jとユニットで離陸し、自動操縦装置、フライトマネージメントシステム（FMS）、慣性航法装置（IRS）、GPSによる精密な航法能力と目標の位置取り込み機能を駆使して捜索区域に進出。胴体下部の捜索用レーダーアンテナや機首下部の赤外線暗視装置、機体側面の大型観測窓（バブルウィンドウ）からの目視などで要救助者を捜索する。発見後は要救助者の延命のための援助物資や、捜索地点を示す発煙筒を投下して救難ヘリを誘導。救助作業中はその上空を旋回し、空域管制を行う。配備部隊は救難ヘリUH-60Jと同じ。

SPEC

◎全幅:15.66m ◎全長:15.60m ◎全高:5.36m ◎エンジン:TFE731-5R-1H ターボファン・エンジン ◎推力:1,950kg×2基 ◎最大離陸重量:約12,2t ◎最大速度:約820km/h ◎航続距離:約4,000km ◎乗員:4名

輸送ヘリコプター CH-47J

CARGO HELICOPTER CH-47J CHINOOK

基地やレーダーサイトに物資を空輸

日本各地に点在するレーダーサイトのライフライン。レーダーサイトが点検、修理などで停止する際は、代替機能を持つ移動警戒隊の人員とシステムも空輸する。

機体は陸自のCH-47Jと同様、川崎重工がライセンス生産している。

陸上自衛隊のCH-47Jとは迷彩パターンが異なっている。

大型の貨物は機外搭載して輸送できる。

航空基地間の幹線航空輸送と、離島を含む全国28カ所のレーダーサイトへの空輸を担う輸送ヘリ。大型燃料タンク、気象レーダー、地図表示装置、2重化慣性航法装置（GPS内蔵）、パレット化した貨物の積み下ろしの際に後脚の高さを調節できる床レベリング装置などを装備。陸自のJA型に準じた機体となっているが、空自の機体は端末輸送時に貨物を吊り下げる機外ホイストを装備している。災害発生時は救難ヘリとしても活躍している。

航空救難団隷下の三沢ヘリコプター空輸隊、入間ヘリコプター空輸隊、春日ヘリコプター空輸隊、那覇ヘリコプター空輸隊に計15機配備されている。

SPEC

◎全幅:4.80(18.29)m ( )内ローター含む。以下同 ◎全長:15.88(30.18)m ◎全高:5.69m ◎エンジン:T55-K-712 ターボシャフト・エンジン ◎連続最大出力:3,149shp×2基 ◎最大離陸重量:約22.7t ◎巡航速度:約260km/h ◎有効搭載量:11.2t ◎航続距離:約1,000km(約7t搭載、燃料満載時) ◎乗員:5+55名

中等練習機 T-4

TRAINING AIRCRAFT T-4

戦闘機
パイトットを育てる
純国産の練習機

川崎重工が製造する純国産のジェット練習機「T-4」。戦闘機のパイロットを育てる現代の「赤とんぼ」だ。

コックピットは複座式。訓練生は前席に、教官は後席に搭乗する。

低速から高速まで安定した飛行ができるように設計されている。

編隊を組んで飛行するT-4中等練習機。

航空自衛隊の人気者、ブルー・インパルスもT-4を使用。

中等練習機として開発されたジェット練習機。タンデムの複座・後退翼という中等練習機としてはオーソドックスなスタイルで、エンジンを含めて完全な純国産機である。

素直な操作性と高い安定性を持つといわれ、キャノピー破砕方式の脱出装置や機上酸素発生装置を備えるなど非常時の信頼性も高い。訓練生は前席、教官が後席に搭乗する。

練習機としてだけでなく全国各地の航空隊の連絡機としても使われているので、飛行場のある基地にはほとんど配備されている。

SPEC

◎全幅:約9.9m ◎全長:約13.0m ◎全高:約4.6m ◎エンジン:F3-IHI-30ターボファン・エンジン ◎推力:約1,670kg×2基 ◎自重:約3.7t ◎最大速度:マッハ約0.9(約1,040km/h) ◎実用上昇限度:約15,000m ◎最大航続距離:1,300km ◎乗員:2名

政府専用機 B-747

GOVERNMENT AIRCRAFT OF JAPAN

内閣総理大臣などの
要人輸送を行う
大型輸送機

政府要人や在外邦人の保護などに使用される政府専用機。日本国政府の所有だが、その管理運営は航空自衛隊が担っている。

機体には政府専用機の証しに、赤いラインの下に金のラインが引かれている。

機体のベースは「ハイテクジャンボ」と呼ばれるB747-400。二階席前方は窓がない。

2015年4月、政府専用機で米国アンドルー空軍基地に到着した安倍首相。

内閣総理大臣などの要人の輸送、緊急時における在外邦人の救援輸送などを任務とする特別輸送機。機種は「ハイテクジャンボ」と呼ばれるB747-400である。

機内は前から要人の執務室、秘書官室、会議室、事務作業室、随行員室、記者会見席、記者団用の一般客室（記者は有料）と続く。二階席は通信器材室と乗員席となっている。軍用機器は敵味方識別装置のみで、武装は搭載していない。乗員はパイロットのほか、空中輸送員（客室乗務員）もすべて航空自衛官。千歳基地（北海道）の特別航空輸送隊に2機配備。通常は任務機に国賓等が搭乗し、30分程度の間隔をあけて副務機が同行する2機体制で運航される。

SPEC

◎全幅:64.9m ◎全長:70.7m ◎全高:19.06m ◎エンジン:CF6-80C2ターボファン・エンジン ◎推力:105,272kg ◎自重:約178t ◎最大離陸重量:約363t ◎巡航速度:約900km/h ◎航続距離:約7,000km ◎乗員:20～25名 ◎輸送能力　乗客数約140名

飛来する弾道ミサイルを最終段階で迎撃

地対空誘導弾 PAC-3

PATRIOT ADVANCED CAPABILITY-3

超低高度から高高度にいたる複数目標に対し同時に対処可能な高い撃墜能力を持つPAC-3。現存する地対空誘導弾のなかでは最も優れたシステムといわれる。

ペトリオット発射機は輸送しやすいようコンパクトに設計。

発射体勢を整えたペトリオット発射機。

発射されたペトリオットミサイル。敵ミサイルを着弾20km手前で迎撃する。

ペトリオットシステムの目となる巨大なフェーズレーダー。

弾道ミサイル防衛において、イージス艦から発射されたSM-3が撃ち逃したミサイルをターミナル（終末）段階で迎撃する地対空誘導弾。「パックスリー」と呼ばれる。多機能フェーズド・アレイ・レーダーや複合誘導のTVM（Track Via Missile）誘導方式、コンピューターの活用によって各種機能を自動化・迅速化・高精度化。超低高度から高高度にいたる複数目標に対し同時に対処可能な高い撃墜能力を持つ。防御範囲は推定高度約20km、半径約40km。トレーラー移動式で、射撃管制、レーダー、ミサイル発射機トレーラー（複数）、電源など10両以上の車両で構成。調達数は公表されていないが、北海道から沖縄まで全国6個高射群への配備が完了している。

SPEC

◎全長:約5m ◎直径:約0.25m ◎重量:0.3t ◎射程:数十km ◎速度:数マッハ ◎最大搭載数:1台に16発

99式空対空誘導弾 AAM-4

TYPE 99 MIDDLE RANGE AIR-TO-AIR MISSILE-4

防衛省の技術研究本部（現・防衛装備庁）が設計し、三菱電機が製造する国産中距離空対空ミサイル。優れた誘導性能と破壊力がある。

長射程でも高い命中精度と高威力で攻撃

対艦・対地巡航ミサイルや大型爆撃機に対する迎撃能力も重視した中距離空対空ミサイル。

アクティブレーダー誘導と指令・慣性誘導を併用し、指令・慣性誘導の必要ない射程であれば退避機動できる撃ち放し能力も持つ。

また指向性破片弾頭の装備しており、近接信管が内蔵レーダーにより敵機の方向を正確に探知し、集中して攻撃を仕掛ける。射程延伸のために2段推進方式を採用しており、射程は100km前後とされる。

F-15とF-2の対応改修機に搭載することができる。

SPEC

◎全長:3.66m ◎翼幅:0.77m ◎直径:203mm ◎重量:222kg ◎誘導方式:慣性+データリンク(中間誘導)、アクティブレーダー(終末誘導) ◎最大射程:100km(推定) ◎速度:マッハ4~5

04式空対空誘導弾 AAM-5

TYPE 04 SHORT RANGE AIR-TO-AIR MISSILE-5

三菱重工業が開発した短距離空対空ミサイル。赤外線イメージにより目標を判別。フレアなどの赤外線妨害手段にも対抗する。

戦闘機同士の近接戦闘の主力兵器

誘導方式は中間慣性誘導方式、終末赤外線画像誘導方式で空中自動ロックオンにより誘導され、撃ち放し能力を有する。信管はアクティブ・レーザー近接信管で、弾頭は指向性弾頭とされる。HMD（ヘルメット装着式照準装置）との組み合わせにより発射後ロックオンでき、視界内ほぼ全周への攻撃が可能だ。空中給油機の導入による短距離空対空誘導弾の長時間運用に対応する04式空対空誘導弾（改）の導入も始まっている。F-15の対応改修機に搭載可能。

SPEC

◎全長:3.1m ◎翼幅:0.31m ◎直径:127mm ◎重量:95kg ◎誘導方式:慣性+赤外線ホーミング ◎最大射程:35km(推定) ◎速度:マッハ3

93式空対艦誘導弾 ASM-2

TYPE 93 AIR-TO-SHIP MISSILE-2

日本本土に迫る敵艦艇を遠距離から攻撃。赤外線画像誘導方式を採用したことで、命中率が向上した。

長い射程から高精度で艦艇を撃破

80式空対艦誘導弾ASM－1を補完するために開発。ASM－1の終端誘導はアクティブレーダー誘導なのに対し、ASM－2は赤外線イメージ誘導を採用。これは誘導方式が異なる2種のミサイルを保有・運用することが対妨害性確保に有用との考えからだ。

赤外線イメージ誘導は電波妨害の影響を受けないため、長射程化と敵の妨害の無効化や、目標選択・ミサイル命中点を指定でき、撃破効率を高めている。F－4EJ（改）に2発、F－2には4発搭載可能。中間誘導用にGPS誘導方式を追加して誘導精度を高めた93式空対艦誘導弾（B）の調達も進んでいる。

SPEC

◎全長:約4m ◎翼幅:1.2m ◎直径:35cm ◎重量:約530kg ◎誘導方式:慣性+赤外線画像誘導 ◎最大射程:170km(推定)

空対艦誘導弾 XASM-3

X AIR-TO-SHIP MISSILE-3

XASM-3のダミー飛翔体A型（写真提供：きりのともあき）。妨害電波への対策が施され、命中精度が格段に向上。超音速で敵艦に突撃する。

マッハ3以上の超音速対艦ミサイル

2016年度に開発完了が予定されている新型の空対艦誘導弾。防空能力が向上した敵艦艇を確実に撃破出来るよう計画された超音速対艦ミサイルだ。推進方式にインテグラル・ロケット・ラムジェットを採用し、マッハ3以上の超音速飛行により敵の迎撃可能時間を減少。アクティブレーダー誘導とパッシブレーダー誘導を装備した複合シーカー方式によりECCM（電子防護）能力を向上させることで、敵艦艇をより確実に撃破可能とした。また長射程化により敵の射程外から誘導弾を発射できるため、発射母機の安全性も高まっている。F－2に装備される。

SPEC

◎全長:5.25m ◎翼幅:1.2m ◎直径:35cm ◎重量:約900kg ◎誘導方式:慣性+GPS(中間誘導) + アクティブ+パッシブ複合誘導(終末誘導) ◎最大射程:150km(推定)

JDAM

JOINT DIRECT ATTACK MUNITION

自由落下爆弾を精密誘導爆弾に変えることができるキット。近年ではレーザー誘導を加えたLJDAMも登場。

自由落下爆弾が精密誘導弾に変身

「ジェイダム」と呼ばれ、無誘導爆弾に精密誘導能力を付加するキット。シンプルな自由落下爆弾が精密誘導システムを備えた爆弾へと生まれ変わる。GPSとINS（慣性航法システム）の2つの誘導装置により、母機からの誘導なしに自律して設定された座標へ高精度に攻撃。従来の誘導爆弾は地上の気象条件により運用が制約されることがあったが、JDAMは悪天候下でも位置情報だけで攻撃が可能だ。近年はJDAMの先端にレーザー誘導を加え、移動目標への攻撃能力を与えた」JDAMも開発。これにより、地上部隊が目標にレーザーを当てるだけで目標を攻撃することができる。

SPEC

◎構成:尾部セクション、ストレーキ部、尾部内慣性誘導とGPSによる誘導制御ユニット ◎誘導方式:INS（慣性誘導システム）主体、GPS（グローバル・ポジショニング・システム）で誤差を修正

小直径爆弾 GBU-39

SMALL DIAMETER BOMB GBU-39

都市部への限定的な爆撃に使用されるGBU-39（写真はアメリカ軍のもの）。

精密誘導装置によりピンポイントで攻撃

都市部への爆撃の際、周辺民間人に被害を与えないよう破壊力を限定的にした小型の爆弾。推進装置は持たず、投下時の高度を推進力にして菱形の主翼を展開し滑空。精密誘導装置により目標に対して正確に誘導されて、平均誤差半径5〜8mのピンポイントで攻撃する。長距離を滑空できるため、発射母機は攻撃目標から離れた安全圏から爆弾を投下することが可能だ。誘導方式はJDAMなどと同じGPS・INS誘導。小型のため、導入が決まっているF-35の狭いウェポンベイにも多数装填できる。

SPEC

◎全長:70.8 in（約1.8m）◎横幅:7.5 in（19cm）◎重量:285 lb（約130kg）◎弾頭:206 lb（約93kg）貫通爆散破片弾◎誘導方式:GPS・INS誘導 ◎平均誤差半径　5〜8m
最大射程　60 nm（110km）

航空自衛隊唯一の展示飛行専門部隊で、正式名称は松島基地（宮城県）の第4航空団に所属する第11飛行隊。機体は練習機T－4だが、青と白にカラーリングされ、バードストライクに備えてキャノピー（風防）のフレームを太くし、主翼の前縁も強化。機動力を高めるためにラダーの可動域も拡大されている。またスモーク発煙装置を取り付けて展示を華々しく演出する。

パイロットは全国の飛行機部隊から選ばれた抜群の操縦技術を持つ精鋭ぞろい。任期は3年で、1年目はTR（訓練待機）として演技を修得し、展示飛行ではナレーションを担当。2年目はOR（任務待機）として展示飛行を行い、3年目は展示飛行のほか、担当ポジションの教官としてTRに演技を教育する。その存在はブルーインパルスファンのあこがれとなっており、航空祭ではサインを求めるファンで長蛇の列ができる。

演目は6機編隊で展開する一糸乱れぬフォーメーション、ダイナミックなソロ演技などさまざま。中でもハートを矢で射抜く「バーティカルキューピット」、星印を描く「スタークロス」といった"描きもの"は世界でもあまり例がなく、ジャパニーズスタイルといえる独自のプログラムを確立している。

もともとは広報活動の一環という位置づけだが、その驚異的なパフォーマンスは空自の練度の高さを世界に示している。

戦技を追求し、驚異のパフォーマンスを展開するアクロバットチーム

ルーインパルス

BLUE IMPULSE

【写真左】5番機が背面飛行になった後、6番機が5番機を中心に3回のバレルロールを行う「コーク・スクリュー」。【写真中】ファイブシップデルタで進入。この後さまざまなマニューバーが展開される。【写真右】ダイヤモンド編隊で会場に進入し、4機全機が180度ロール（回転）して背面飛行で行う「フォー・シップ・インバート」。

ブルーインパルスが得意とする「描きもの」のひとつ「バーティカルキューピッド」。2機が正面で垂直上昇を行い、左右に分かれてハートの片側ずつを描く。続いてもう1機が左下からハートマークの中央を抜けて、スモークの矢を射抜く。

SPEC

全幅	約9.9m
全長	約13.0m
全高	約4.6m
エンジン	F3-IHI-30ターボファン・エンジン
推力	約1,670kg×2基
自重	約3.7t
最大速度	マッハ約0.9（約1,040km/h）
実用上昇限度	約1,5000m
最大航続距離	1,300km
乗員	2名

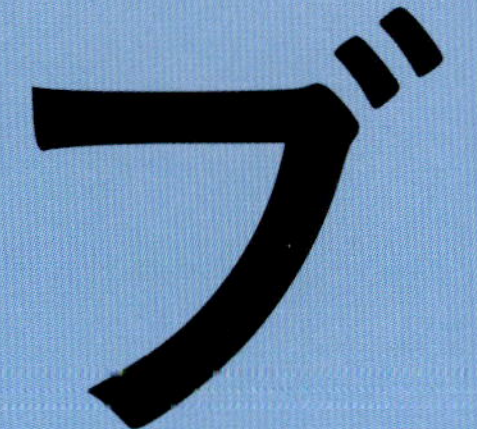

そこが知りたい

自衛隊Q&A

国民からの関心が高まっている自衛隊だが、その内情はあまり知られていない。興味を持つと次から次にわいてくる疑問に対し、一部独断と偏見を交えながらお答えしていこう。

Q 自衛隊の実力は世界でどれくらい？

A これは誰もが思う疑問ですね。そもそも日本は戦後、戦争をしたことがないのでわかりません…と言っては身も蓋もないので戦力で比較してみましょう。

防衛白書で示されている日本周辺の兵力は下図の通りで、他国・地域と比べても圧倒的に少ないことがわかります。国防費での比較をみても、米国が突出していて次が中国、日本はロシア、英国、フランスに次ぐ6番目です。

では実際に戦うと、というより戦いを仕掛けられるとどうなるのか。自衛隊の装備品の能力や、隊員の練度や士気の高さは世界的にも評価されているので、その部分には大いに期待したいところです。しかし、軍事力は単純に比較できるものではなく、日本の場合は日米安保条約による日米の相互補完関係があります。つまり米国の世界戦略の一翼を担う一方、有事の際は米軍が共同で戦うということです。つまり日本に戦争を仕掛けるということは、米国とも戦争するようなもので、そこに抑止力があります。

その軍事的な抑止力の前に最も重要なのは、外交と、他国との防衛交流や対話を通じた相互理解です。その意味で現在最も懸念されるのは、国対国の戦争より、国家ではなく交流や対話が困難な組織のテロやゲリラ、特殊部隊など非対称との戦いで、自衛隊でもそれらを想定した防衛力の整備が進められています。

なお国家間の経済的な相互依存は、過去の例をみてもわかるとおり、戦争の抑止に役立った例はあまりありません。

主な周辺国の兵力状況（概数、平成27年版防衛白書）

Q 日本の防衛費は高い？安い？

A 日本の防衛予算（防衛関係費）は、過去20年はざっと4兆8000億円前後、対GDP比は1％弱で推移しています。これは他国との比較では、かなり少ないといっていいでしょう。国家予算に対する比率は約5％。これも決して高いとはいえないのではないでしょうか。

機関別内訳では陸自が40％弱、海自と空自が20％強です。経費の内訳で最も多いのが人件・糧食費で40％以上を占めています。防衛省・自衛隊は国家公務員最大の組織ですからこれは当然でしょう。装備品の契約額は約15％、装備品などの整備維持経費は同等かそれ以上かかっています。

Q スクランブルって今でもあるの？

A スクランブルとは防空識別圏内に所属不明機が侵入してきた場合に、戦闘機が緊急発進すること。「5分待機」という規則があり、担当のパイロットはすぐに滑走路に入れる場所にあるアラート格で待機しています。この間、パイロットは水分は控えますが、それ以外はゲーム、読書、談笑、イメージトレーニングなど思い思いに過ごしているそうです。発令されるとエンジンに点火し、武装の安全ピンを外して5分以内に2機で発進します。

スクランブルは今でもある……どころか増加傾向にあります。冷戦期は大半が旧ソ連でしたが、近年は中国が急増しています。平成26年度の緊急発進回数は、統合幕僚監部の発表によると前年比133回増の大幅増加となる943回。これは昭和33年に空自が対領空侵犯措置を開始して以来2番目に多い回数とのことです。対象国・地域別の割合は、ロシア機約50％、中国機約49％、その他約1％（推定含む）。方面隊等別では、

航空自衛隊のスクランブル訓練

那覇基地の南西航空混成団が468回と突出しています。ちなみに東日本大震災で自衛隊が活動しているときスクランブルは発令されており、これは緊急時の自衛隊の対処能力を確認するためとみられています。

Q 自衛隊の装備の生産国は？

A 自衛隊の装備品の製造は、国産、ライセンス生産、商社などからの輸入、FMSの4つのパターンがあります。国産で代表的なのは戦車や装甲車両、護衛艦や潜水艦、固定翼哨戒機、戦闘機ではF-2など結構あります。ライセンス生産で代表的なのはF―15ですね。ただし装備品に搭載されている火砲やエンジンなどはライセンス生産のものもあり、またイージス艦のイージスシステムも米海軍から有償提供を受けたものと、実にさまざまなケースがあります。

輸入の場合は主に米国防総省のFMS(Foreign Military Sales=対外有償軍事援助)で行っています。この制度だと価格の低下や教育・訓練の提供を受けられますが、その反面、大掛かりな整備では米本土に送り返さなければならないため時間がかかり、運用上のデメリットも生じます。

あたご型イージス艦の建造費は1500億円!

いずれにしても、装備品の調達はかなり高額なものとなりますので、共同開発を含めてより費用対効果の高い方式を組み合わせる、という考え方だと思います。

Q 配備されている装備品はいくらぐらい？

A 正面装備という面でみると、10式戦車は9億数千万円、「いずも」型護衛艦は約1500億円、P-1は初期導入で約170億円、F-2が約120億円、国産のC-2が約200億円と言われています。こうした単純な比較も重要ですが、もっと興味深い例のひとつがイージス艦です。「あたご」型の建造費は約1500億円、基準排水量が約2.5倍の「いずも」型も約1500億円、艦艇としては小さいですが、最新の「あきづき」型が約750億円。ということは、イージスシステムはいったいいくらなのかということです。さまざまな要素から類推すると500億円くらい(?)ですかね。ちなみに戦闘機の開発費は5000~8000億円、場合によっては1兆円を超えると言われ、とても一国でまかなえる額ではないので、F-35のように多数の国が参加する共同開発が基本になっていくとされています。なお弾道ミサイル防衛システムもなかなかに高価で、整備開始から現在までに1兆5000億円を超えていると言われています。

Q どうすれば自衛隊に入ることができる？

A 自衛官になるには年齢や学歴で実に様々なルートが用意されていますので、そのいくつかをご紹介しましょう。

まず中学卒業の男性には「高等工科学校」。ここでは自衛官としての資質を学びながら、高校卒業資格も取得できます。この時の待遇は自衛官ではなく、階級のない学生となります。

高校や大学卒業だと「自衛官候補生」か「一般曹候補生」に応募できます。自衛官候補生は任期制、一般曹候補生は、将来曹になるための訓練を受ける非任期制の制度。ただし曹になることが保証されているわけではありません。倍率は陸海空でかなり異なりますが、自衛官候補生は男性約3倍、女性約6倍、一般曹候補生が男性10倍前後、女性25倍前後です。

「防衛大学校」に合格すると、卒業後は「幹部候補生学校」に入校し、幹部への道が開けます。言わばエリートコースですね。倍率は男子で10倍強、女子で約20倍です。一般大学卒業生も「幹部候補生学校」に合格すると、ここで防大卒業生と同じスタートラインに立てます。医療を目指すには「防衛医科大学校」、看護師を目指す女性なら「看護学校」があります。海空の航空機搭乗員になりたいなら、「航空学校」の入学を目指してください。

いずれのルートでも規定の学力と体力が必要ですが、自衛隊は教育制度が非常に充実していますので、専門的な技術や知識、体力もみっちりと教育してくれます。

Q 自衛隊に入ると資格がたくさん取れるって本当？

A 陸海空には様々な職種・職域・特技といった専門分野がありますから、それに応じた資格はほとんど取得可能です。ただし一人1職種なので、一人で何でも取れるというわけではありません。

一般的によく知られているのは大型運転免許、牽引運転免許、クレーン免許などの運転免許ですね。これらなら、任期制でも任期中に取得できるでしょう。パイロットなら操縦士、整備員なら整備の資格を取得できます。そのほか医療系、電気系、建築系などなど挙げたらきりがありません。変わったところでは、航空管制、気象予報士なども取得可能です。ただし国家試験などの難易度は当然一般で受けるのと変わりませんので、要は本人の努力次第ということになります。

自衛隊では特殊車両免許などさまざまな資格が取得可能

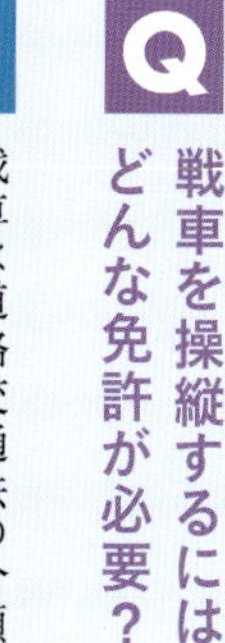

Q 戦車を操縦するにはどんな免許が必要？

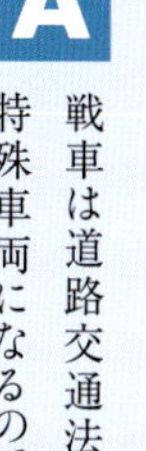

A 戦車は道路交通法の分類では大型特殊車両になるので大型特殊自動

車免許が必要です。現に戦車にはウインカーやサイドミラーなどの保安部品も装備されています。

ただ、大型特殊自動車免許を持っているだけでは操縦できないので、MOSという資格の取得が必要になります。MOSとはMilitary Occupational Speciality、特技区分のこと。MOSにはいろんな種類やランクがあるのでここでは割愛しますが、戦車を操縦するためには「機甲MOS」が必要になります。

戦車の運転には大型特殊自動車免許とMOSが必要

Q 戦闘機のパイロットになるにはどうすればいい?

A 戦闘機のパイロットになるには航空学校に入校するか、防衛大学校あるいは幹部候補生学校で航空機要員になる必要がありますが、ここでは航空学生のケースを見ていきましょう。

航空学校の受験は高校卒業もしくは同等以上の学力があると認められる男女が対象。試験科目は1次が筆記試験、適性検査、2次が航空身体検査、口述試験、適性検査、3次が操縦適性検査、医学適性検査と続きます。倍率は約70倍なのでここがまず第一関門ですね。

晴れて合格後は、山口県・防府北基地の第12飛行教育団に入隊し、約2年間、座学を中心とした基礎教育を受けます。教育修了後は飛行幹部候補生として約6カ月の「飛行準備課程」に入ります。その後は約6カ月の「初級操縦課程」に進み、ここで初めてT-7初等練習機を操縦。検定試験に合格すると、ここで第二の関門があり、戦闘機要員と輸送・救難機要員に分けられます。

戦闘機要員になるとT-4中等練習機で約1年、「基本操縦課程」を学びます。修了後に国家試験に合格するとパイロット資格を取得。その証に「ウイングマーク」を授与されます。

次はT-4による「戦闘機操縦基礎課程」、もしくは米空軍基地に派遣され、T-38による「戦闘機操縦基礎課程」を受けます。その後はF-15は約35週、F-2は約37週の「戦闘機操縦課程」を受け、修了後にそれぞれの部隊に配属となります。この間は約4年8カ月と、非常に長い道のりです。

なお、パイロットは幹部になる必要があるので、その後は「幹部候補生学校」に入校します。航空学生制度のない陸上自衛隊は、地上部隊の中から飛行要員を選抜する「陸曹航空操縦学生制度」を採っています。

Q 陸海空自衛隊に気質や文化の違いはあるの?

A どんな組織にも組織文化はあり、自衛隊も例外ではありません。そもそも陸自は旧陸軍との決別からスタートし、海自は今も帝国海軍からの伝統を誇りとし、空自は陸軍航空隊と海軍航空隊を融合して戦後新たに創設されたため、歴史的なしがらみがないなど、成り立ちからして異なります。自衛隊内部には、そんな気質の違いを表す四字熟語の組み合わせがあります。

陸上自衛隊「用意周到動脈硬化」
海上自衛隊「伝統墨守唯我独尊」
航空自衛隊「勇猛果敢支離滅裂」

言い得て妙ですね。また、「陸自はおにぎりを食べ、海自はカレーを食べ、空自はハンバーガーを食べる」といった比喩もあります。

ちなみに統合幕僚監部と内部部局にも用意されていて、統幕は統合幕僚会議時代は「高位高官権限皆無」、統合幕僚監部となってからは「高位高官権限無限」、内局は「優柔不断本末転倒」だそうです。

Q 自衛隊にある特殊部隊とは?

A 特殊部隊は本隊と遠く離れて小部隊で行動する部隊のことで、自衛隊で公式に「特殊部隊」と呼ばれるものは陸上自衛隊の「特殊作戦群」のみ。しかし特殊な任務を持つ部隊はほかにも存在します。

「特殊作戦群」は中央即応集団隷下に所属。千葉県の習志野駐屯地に駐屯しています。任務はゲリラや特殊部隊による攻撃への対処です。厳しい基準で選抜された空挺資格者およびレンジャー資格者で編成されており、その実情はほとんど明らかになっていませんが、米陸軍の特殊部隊、グリーンベレーやデルタフォースが雛形と言われています。

「第1空挺団」は陸上自衛隊唯一の空挺部隊で、キャッチフレーズは「精鋭無比」。「特殊作戦群」と同じ中央即応集団隷下にあります。航空機により作戦地域に移動し(空中挺進)、落下傘で敵部隊の後方に降下し作戦を遂行します。空挺隊員は全国の部隊から志願者を募って選抜。空挺教育隊で基本降下課程を修了後、さらに過酷な空挺レンジャー課程も修了しないと空挺団に残ることはできません。

「西部方面普通科連隊」は島嶼部防衛のために2002(平成14)年3月に新編。水陸両用部隊で、隊員の多くがレンジャー隊員。今後は3個連隊を新編し、約3000名規模の「水陸機動団」に発展する予定です。

「冬季戦技教育隊」は唯一の冬季専門部隊にして最古の特殊な部隊。「冬戦教」と略されます。積雪寒冷地における戦闘・戦技の指導に必要な教育訓練や部隊運用などの調査研究を行い、その訓練は酷寒の雪山を行く超ハードなもの。冬季五輪のバイアスロンやクロスカントリーなどの選手を多数輩出しているのもこの部隊です。

陸自の中で、知られざる精強部隊といわれるのが「対馬警備隊」。朝鮮半島と北九州のほぼ中央という地政学上のチョークポイントに駐屯しています。愛称は「ヤマネコ」。隊員の多くはレンジャー課程を修了しており、森林に潜んで敵を掃討する山地機動錬成訓練は極めて厳しいといわれます。

海上自衛隊には「特別警備隊」という部隊があります。アメリカ海軍のSEALs

をモデルに設立された部隊で、主な任務は海上警備行動時における不審船の武装解除と無力化。部隊の詳細はほぼ非公開ですが、以前一度だけ公開された映像では不審船への乗船、ヘリからの甲板への降下、船上活動の様子を披露していました。

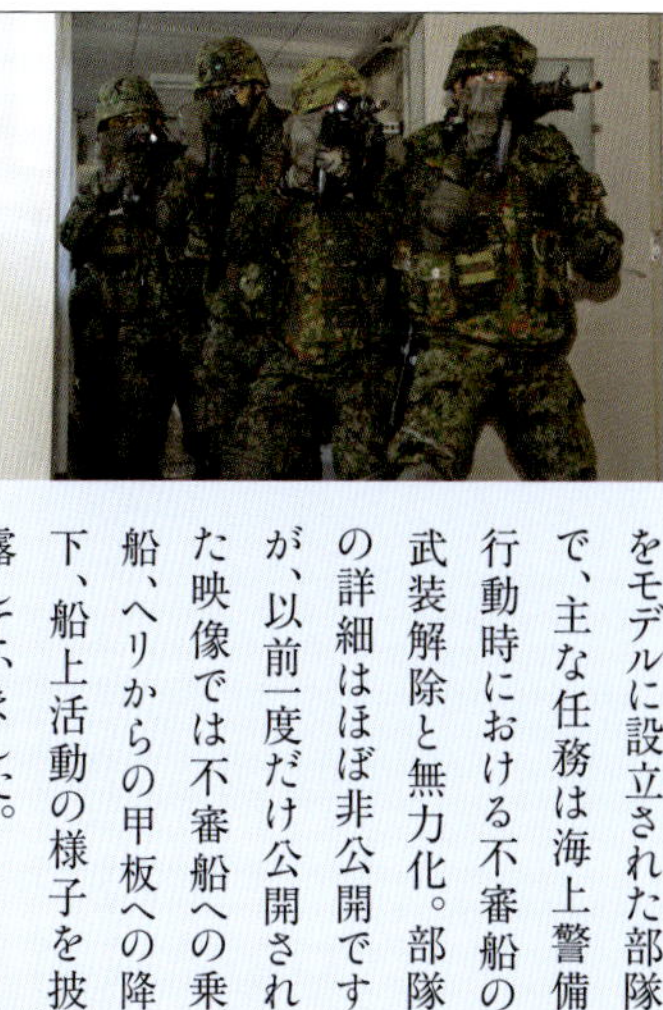
精強さで知られる陸上自衛隊の対馬警備隊

Q 女性自衛官はどんな任務についている？

A 女性自衛官の比率は約5％。女性比率の高い職域は衛生や通信を中心に、いわゆる事務的な仕事がほとんどでした。しかし近年では、職域は広がってきています。輸送機や哨戒機などのパイロットは陸海空に数十名いますし、最近は初の護衛艦艦長も誕生しています。戦闘機パイロットに女性を起用する方針も決まっているので、今後女性自衛官が活躍する場が広がるのは間違いないでしょう。ちなみに女性自衛官の階級の最高位は、陸海空ともに将補です。

Q 自衛隊は高待遇で給料が高いって本当？

A 自衛官の給与は任務の特殊性などが考慮され、一般職の公務員と比べると高めの俸給体系となっているのは確かです。

自衛官は職務や業務によって規定の手当が上乗せされますが、職務や業務は非常に幅広いので手当の種類も膨大です。一例を挙げると、陸自の落下傘隊員は月額で階級初号俸の33％、戦闘機パイロットは同じく80％、護衛艦の乗組員は33％、潜水艦の乗組員は45％。「自衛官のモデル給与」の年間給与をみてみると、士長（20歳、独身）で約300万円、2曹（35歳、配偶者、子1人）で約520万円、3佐（45歳、配偶者、子2人）で767万円、1佐（47歳、配偶者、子2人）で約1248万円、最高位の統合幕僚長（将）で約2290万円となっています。

Q 階級に応じて定年の時期が違うって本当？

A 自衛官の定年は職務や階級に応じて異なり、3曹・2曹で53歳、1曹～1尉で54歳、3佐・2佐で55歳、1佐で56歳、将補と将で60歳、幕僚長は62歳と、階級や年齢で細かく定められています。

理由は部隊の精強さを維持するため。任期制自衛官（契約社員のようなもの）は、陸自は1任期2年間、海・空自は3年間で、2任期以降は陸海空ともに2年間で退官します。

Q 自衛隊関連のイベントにはどのようなものがある？

A 自衛隊では広報活動の一環として、陸海空各自衛隊の駐屯地・基地で開催されるイベント、創立記念祭をはじめ、盆踊り、航空祭、音楽祭など部隊の特色を生かした数々の催しが年間を通して行われています。防衛省内の記念館や厚生棟などをガイド付きで回る「市ヶ谷台ツアー」も定期的に開催されています。

また陸海空に常設の広報館もあり、陸自は東京都練馬区に「りっくんランド」、海自は長崎県佐世保市に「セイルタワー」と広島県呉市に「てつのくじら館」、空自は静岡県浜松市に「エアーパーク」を開設しており、いずれも入場無料で装備品や資料に接することができます。

テレビのニュースでも報じられる陸自の観閲式、海自の観艦式、空自航空観閲式は3年に1度、持ち回りで開催。ただし、これは観艦式以外は招待でないと入場できません。いずれにしろ、自衛隊関連のイベントは定期・不定期含め思いのほか開催されているので、興味のある方はホームページなどで要チェックです。

多くの航空ファンがつめかけ、大盛況の入間航空祭

Q 安保法制で自衛隊はどう変わるのか？

A 安保法制によって、自衛隊の任務は拡大します。この法律の詳細は周知されている通りなので省きますが、役割として大きく変わるのは、戦闘行為の後方支援をできるようになったことです。

一般論として、正面での戦いのみならず、後方支援（兵站）を攻撃することは軍事の戦術では常識なので、その可能性は否定できないでしょう。またPKOなどでの駆けつけ警護では、相手が敵対者なのか市民なのかを瞬時に識別し、撃つべきか否かの判断をしなければなりません。

そういう意味で、大きく変わらなければいけないのはメンタリティーではないでしょうか。「Q・自衛隊の実力は世界でどれくらい？」でも触れましたが、自衛隊には実戦経験がありません。また専守防衛という考えによって、訓練は基本的には国内での戦いを想定して重ねてきました（最近は海外での共同訓練も行われていますが）。

いわばアウェーの地で、戦争状態の後方で活動することは、おそらく訓練とはまったく別のものになるでしょう。

また諸外国では戦争や紛争で多くの犠牲者を出し、関係者はもちろん国民の心に深い傷を残していますが、日本ではPKO活動、イラク派遣に関連して亡くなった方は4人。もし海外の活動で自衛隊員に万一のことがあったら……安保法制は、我々国民にも覚悟を求めているのかもしれません。

◎執筆
長谷部憲司

◎写真
岡戸雅樹／防衛省／防衛装備庁／陸上自衛隊／海上自衛隊／航空自衛隊／米国陸軍／米国海軍／米国空軍／きりのともあき／在井展明

◎参考資料等
防衛省／防衛装備庁／陸上自衛隊／海上自衛隊／航空自衛隊HP

◎取材協力
陸上自衛隊第13旅団（海田市駐屯地）

◎デザイン
高木タカヒロ（株式会社T.D.O.）
井上浩太郎（株式会社T.D.O.）
奥村綾（株式会社T.D.O.）

自衛隊
最新最強装備

平成28年5月20日　第1刷

編　著　彩図社編集部
発行人　山田有司
発行所　株式会社　彩図社
東京都豊島区南大塚3-24-4
MTビル　〒170-0005
TEL:03-5985-8213　FAX:03-5985-8224
印刷所　シナノ印刷株式会社
URL　http://www.saiz.co.jp
Twitter　http://twitter.com/saiz_sha

 ISBN978-4-8013-0147-4 C0031